emo 咨询室

烦恼为什么会找上你

[日] 桦泽紫苑 著
郭祎 译

言葉にすれば「悩み」は消える

言語化の魔力

UNREAD

贵州出版集团
贵州人民出版社

图书在版编目（CIP）数据

emo 咨询室：烦恼为什么会找上你 /（日）桦泽紫苑
著；郭祎译 . -- 贵阳：贵州人民出版社，2025.1.
ISBN 978-7-221-18810-6

Ⅰ . B842.6-49
中国国家版本馆 CIP 数据核字第 2024X8W551 号

GENGOKA NO MARYOKU KOTOBANISUREBA "NAYAMI" WA KIERU

by ZION KABASAWA

Copyright © 2022 ZION KABASAWA
Original Japanese edition published by GENTOSHA INC.
All rights reserved
Chinese (in simplified character only) translation copyright © 2025 by United Sky (Beijing) New Media Co., Ltd.
Chinese (in simplified character only) translation rights arranged with
GENTOSHA INC. through BARDON CHINESE CREATIVE AGENCY LIMITED

著作权合同登记号 图字：22-2024-115 号

emo 咨询室：烦恼为什么会找上你
EMO ZIXUNSHI FANNAO WEISHENME HUI ZHAOSHANG NI

［日］桦泽紫苑 / 著
郭祎 / 译

出 版 人	朱文迅
选题策划	联合天际
责任编辑	任蕴文
特约编辑	庞梦莎
美术编辑	王晓园
封面设计	叶译蔚

出 版	贵州出版集团　贵州人民出版社
发 行	未读（天津）文化传媒有限公司
地 址	贵州省贵阳市观山湖区会展东路 SOHO 公寓 A 座
邮 编	550081
电 话	0851-86820345
网 址	http://www.gzpg.com.cn
印 刷	大厂回族自治县德诚印务有限公司
经 销	新华书店
开 本	880 毫米 ×1230 毫米　1/32
印 张	8
字 数	130 千字
版 次	2025 年 1 月第 1 版
印 次	2025 年 1 月第 1 次印刷
书 号	ISBN 978-7-221-18810-6
定 价	58.00 元

关注未读好书

客服咨询

本书若有质量问题，请与本公司图书销售中心联系调换
电话：(010) 52435753

未经许可，不得以任何方式
复制或抄袭本书部分或全部内容
版权所有，侵权必究

前言　什么是烦恼？

消除烦恼很简单。

生活中，人或多或少都会有一些烦恼。

本书是一本自我疗愈指南，希望能帮助你从痛苦之源——烦恼——中获得解脱。

大多数人都有烦恼

"多少人有烦恼呢？"

为了解实际情况，我在网络（推特账户关注量：13万）上发布了一项问卷调查。

"你有烦恼吗？"（总投票数1066）

投票结果为："有烦恼"的人占75.9%，"没有（大）烦恼"的人占24.1%。"没有（大）烦恼"的人约占四分之一，这令我很意外。但同时，每四个人中就有三个人因为种种烦恼而痛苦。

为更全面地了解情况，我重新发布了一项投票。

"你能自己消除烦恼吗？"（总投票数633）

投票结果为："不能"的人占77.4%，"能（比较轻松地）消除"的人占22.6%。有趣的是，没有烦恼的人和能消除烦恼的人

emo 咨询室：烦恼为什么会找上你

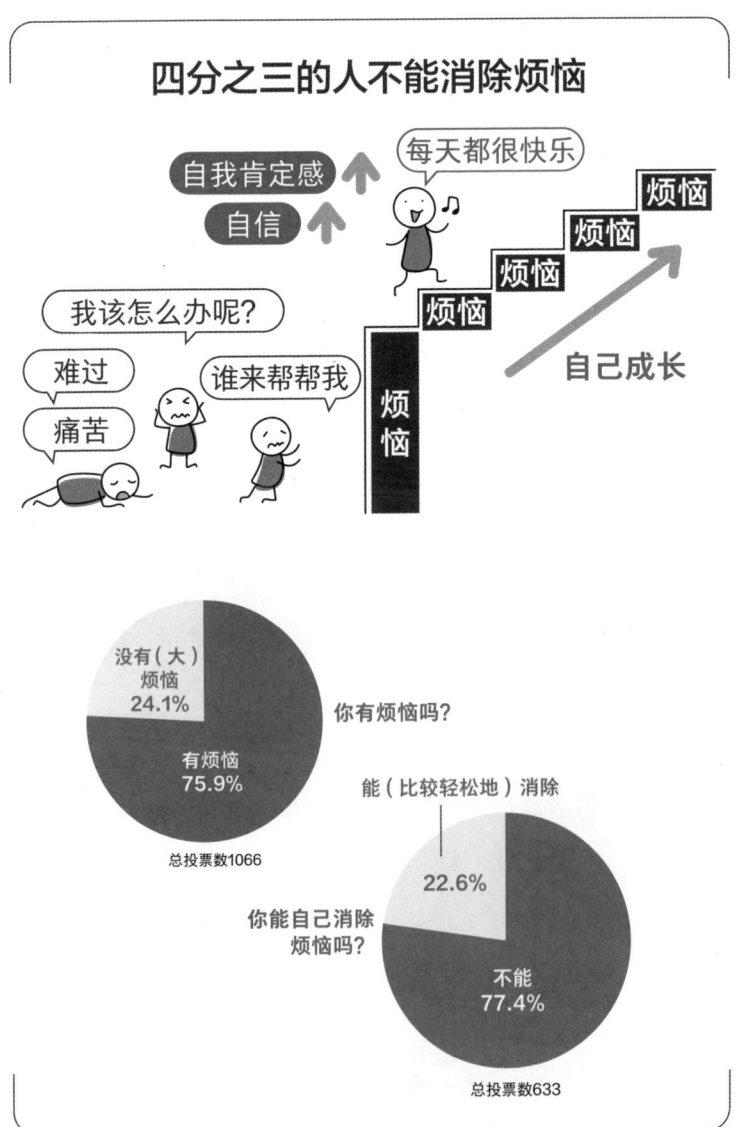

的占比基本相同。也就是说，回答"没有烦恼"的并不是神经大条、本身就毫无顾虑的人，而是就算有烦恼也可以自己解决的人。

当你战胜了烦恼，就会实现自我成长，解决问题的能力也会得到提升，下次再遇到烦恼时就可以游刃有余地应对。

因此，参与调查的有两类人，一类是不能自己消除烦恼的人，占75%。他们因为烦恼和压力不堪重负、止步不前。另一类人占25%，他们在面对烦恼时可以"快刀斩乱麻"，从而不断获得成长与进步。

只要拥有了消除烦恼的能力，平日里的大部分痛苦都会得到缓解，你会更加轻松和快乐。不仅如此，你还会实现自我成长，变得积极自信，过上幸福的生活。

停滞不前才是烦恼的本质

"烦恼"到底是什么？

在词典中，这个词的释义是"烦闷苦恼"。补充一点自己的理解：烦恼是当你遇到难题时，不知如何是好而停滞不前的状态。

总结了多年的临床经验后，我发现很多患者常常苦于"症状得不到改善"和"病情得不到好转"。因此在我看来，烦恼的本质其实是停滞不前和原地踏步。

身处困境时，只要继续前行，哪怕只是一小步，情况也会有所转变，烦恼就会随之逐渐减少。只要你勇敢地向前迈出一步，就是在朝着减轻烦恼、消除烦恼的方向前进。这是一种面对逆境的智慧。

消除烦恼，一身轻松

人生在世，总会有各种各样的烦恼，如果所有烦恼都能消除的话……你将会身心舒畅，从不安和担忧中解放出来，获得一身轻松。那该有多么美妙。

作为一名精神科医生，我一直以来都在和患者的烦恼——各种各样的痛苦——打交道。帮患者改善病情、缓解患者精神上的痛苦便是我的工作。因此，精神科医生也可以说是一个"倾听他人烦恼"的职业。

迄今为止，我已经出版了40多本书，最新一本包含健康生活、无压力生活、幸福生活、快乐生活等内容，为指导读者更好地生活介绍了切实可行的方法。

同时，我在网络上开设了"精神科医生桦泽紫苑的桦频道"，以发布信息。在这个频道中，我会针对粉丝提出的烦恼和问题，在视频中以问答的形式进行答疑解惑。从2014年开设账号起，我已发布了4000条视频，也算小有成就，不禁感慨万千。

此外，我还在杂志上刊登连载文章、在日本各地做演讲，这些活动的宗旨都是通过传播知识来降低精神疾病的患病率。

前言　什么是烦恼？

或许最初只是一个小烦恼，但如果放任不管，它就会慢慢变成大问题，最后使你陷入"难过""痛苦"等负面情绪中。

随着压力越来越大，你会不知所措，内心蒙尘，从而患上心理疾病。甚至当陷入走投无路的绝境时，也有可能因看不到任何希望而自杀。

如果能消除生活里大部分严重的烦恼，就能预防心理疾病和自杀。这样一来，患抑郁症等精神疾病的人以及想自杀的人就会大幅减少，而这正是精神科医生的终极使命。

抱着这种信念，我坚持每天更新我的网络频道。

解答4000个烦恼后的发现

4000条视频意味着我提出了4000个烦恼的消除办法。

听到这个庞大的数字，你或许以为我每天都会收到粉丝发来的私信吧？其实，在大家各种各样的烦恼中，很多都是重复的。

每天收到30多个问题，一个月就是1000多个，但其中95%以上都是相同的内容，都是在旧视频中回答过的问题。

在和上千件烦恼共事的过程中，我渐渐发现人的烦恼其实并不多。**绝大部分人的烦恼都是相同的。**

即使某一烦恼刚刚出现在最新的视频中，不出三天，便又有人发来同样的问题。

无论回答了多少个问题，烦恼仍是源源不断，丝毫不减。

简简单单帮你告别烦恼

8年来解答4000个烦恼的消除办法后，我发现，人的烦恼是可以被简单地加以分析的。因为每天收到的问题大多大同小异，因此如果将它们分门别类地汇总一下，那么一本书就能帮你了解所有的烦恼。

于是，经过一番努力，我发现人的烦恼可以用3个基准来分析。

只要掌握了"烦恼的三个轴"，任何人都可以快速地理解和分析自己的烦恼，并且找到应对方法。接下来只需要将方法付诸行动，烦恼就会很快被消除——这便是本书的意义所在。

本书汇集了我从事精神科医生30年的临床经验以及4000个解答视频的实践经验，是一部心血力作。希望本书能帮你消除烦恼，扫除阴霾，助你拥有更美好的人生。

目录 Contents

第 1 章 不要解决烦恼! ... 1

1 烦恼的三个特征 ... 2
2 一点点消除烦恼 ... 6
3 烦恼的三个优点 ... 10

第 2 章 分析烦恼的三个轴 ... 15

1 控制轴——获得"控制感",使烦恼消失 ... 16
2 时间轴——专注当下,使烦恼消失 ... 29
3 自我轴——改变自己,使烦恼消失 ... 36

第 3 章 消除烦恼的三个方法 ... 43

1 搜一搜,使烦恼消失 ... 44
2 拥有"躲闪力",使烦恼消失 ... 51
3 重新设定烦恼,使烦恼消失 ... 57

目录 Contents

第4章 改变看法，让自己更快乐（转换视角1）   69

1 视角变了，风景就变了   70
2 美好生活需要三种视角   75
3 添加"一般"选项，你会更轻松   89

第5章 不要兀自烦恼（转换视角2）   99

1 透过别人的视角看问题   100
2 扮演别人   102
3 用未来的视角看问题   110

第6章 说出来，使烦恼消失（语言化1）   125

1 语言化的好处   126
2 边写边说，使大脑变轻松   128
3 共鸣使人变轻松   138

| 第7章 | 鼓起勇气说出烦恼（语言化2） | 149 |

1 求助他人，使人变轻松　　　　　　　　　　150
2 适时排压，使人变轻松　　　　　　　　　　163
3 写下来，就会变轻松　　　　　　　　　　　180

| 第8章 | 行动起来，使烦恼消失（行动化） | 189 |

1 自我调节：睡眠、运动、晨走　　　　　　　192
2 先行动起来　　　　　　　　　　　　　　　201
3 消除烦恼，学会"断舍离"　　　　　　　　208

| 最终章 | 消除烦恼的终极方法 | 223 |

后记　　　　　　　　　　　　　　　　　　　235

第 1 章

不要解决烦恼！

首先从认识"烦恼"开始。

当下让你痛苦的烦恼是什么？

烦恼中的人有三个共同点。理解了这些特征，就能找到消除烦恼的方法。

1 烦恼的三个特征

◎特征1：负面情绪"痛苦""难受"

总是烦恼的人有一个共同之处，那就是容易陷入"痛苦""难受"等负面情绪中。痛苦、难受、不耐烦、焦虑、担忧、想逃离、不想活了……这些情绪都是压力过大的体现。

假设小A笑着跟你说："最近工作上遇到了点儿麻烦，真够呛。"

小A现在有烦恼吗？答案是没有。在你看来，跟你说话时的小A也不是满面愁容的样子。只要不感到痛苦，就不算是烦恼。

但是，如果小A在遇到同样的麻烦或问题时，产生了负面情绪，那就成了烦恼。

这里的重点在于"麻烦和问题≠烦恼"。因此，消除烦恼并不需要根除引起烦恼的原因（麻烦、问题）。

而当你能笑着说出"遇到了点儿麻烦"，就意味着你能战胜负面情绪。这时，你就已经消除了 90% 的烦恼。

◎特征 2：不知如何应对"怎么办"

有烦恼的人常常把"哎呀，怎么办啊""该怎么办才好啊"挂在嘴边。

换句话说就是"没有解决方法"。找不到应对方法，也就无法采取行动来应对当下的烦恼、困难或麻烦。

一筹莫展的闭塞感和失去掌控感的焦躁不安，会进一步把你逼进死胡同，使你更加不知所措。

一旦明确了"做××"就能解决眼前的麻烦，那么只要将应对方法或 TO DO（待办事项）付诸实践，就能使问题得到妥善处理，也就能够消除不安。

假设一位员工正在愁眉苦脸地连连叹气："唉，怎么办啊？"原因是客户不满交货时间延迟，要求解除合同。

上司："找客户道歉了吗？"

员工："还没去。"

上司："带点儿糕点，赶紧去！"

听到这儿，员工火速向客户那里赶去。

对面对困难束手无策的员工来说，在得到"快去道歉"这一指示后，他能立刻有所行动。通过这一个小插曲，我们也不难得到以下启示。

有烦恼时，人会茫然失措，从而陷入焦虑和恐慌中。这时，只要找到具体明晰的"应对方法""TO DO"，接下来只需将其付诸行动便可化解。

只要能找到打破困境、突破迷雾的线索，就能看到希望的曙光，负面情绪就会减少。

但是，如果明明知道该做什么却迟迟不去做，那么困住你的就不是烦恼或麻烦，而是你的懈怠。

只要找到应对方法，就能消除 90% 的烦恼。

◎ **特征 3：停滞不前、思维迟缓"无可奈何"**

人在感到闭塞和绝望时往往会无可奈何，茫然呆立。这就是由不安引发的反应迟钝和思维迟缓的状态，大脑一片空白。

该状态由不安时大脑大量分泌去甲肾上腺素导致，是一种生物学和脑科学现象，与性格和能力无关，因此我们不必为此自责。

话说回来，**只要能改变这种停滞不前的状态，闭塞感、绝望感就会马上消失**。立即行动起来、头脑积极运转起来、好办法浮上心头，你的烦恼、麻烦或困境便会很快得到解决。

往前踏出一步，摆脱停滞不前的状态，就已经消除了 90% 的烦恼。

第 1 章 不要解决烦恼！

烦恼的特征 1——负面情绪

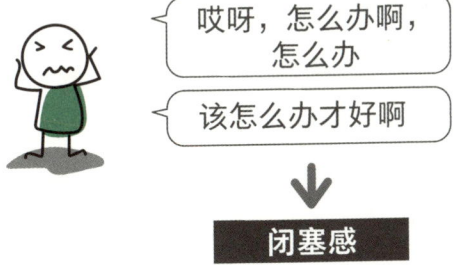

烦恼的特征 2——不知如何应对

图 1.1 烦恼的特征 3——停滞不前、思维迟缓

2 一点点消除烦恼

解决烦恼的原因很难

很多人总想通过解决造成烦恼的原因来一次性根除烦恼。首先,这种一步到位的想法是不对的,目标过高了。

正因为问题不容易解决,你才会苦恼不堪,想要一下子清除烦恼的源头,而这本来就是不切实际的。如果勉强自己做做不到的事情,痛苦必然会越来越多。

前文提到烦恼的三个特征:"负面情绪""不知如何应对""停滞不前、思维迟缓"。也就是说,只要找到应对方法、减缓痛苦、一小步一小步地前进,烦恼就可不复存在,并不需要"清除"烦恼源。

消除烦恼根本不需要解决烦恼的源头。明白了这点,你就不会再纠结于问题的根源,变得轻松很多。

那么,应该怎么做呢?

先把能做的事情一件一件做好。

想要从根源解决问题,使 -10 分变为 0 分很难。所以要先努力将 -10 分变为 -9 分,这样便会生出信心和动力:"原来我能做到这些!"哪怕只是增加了 1 分,当情况开始好转时,你就会燃起希望。

第 1 章　不要解决烦恼！

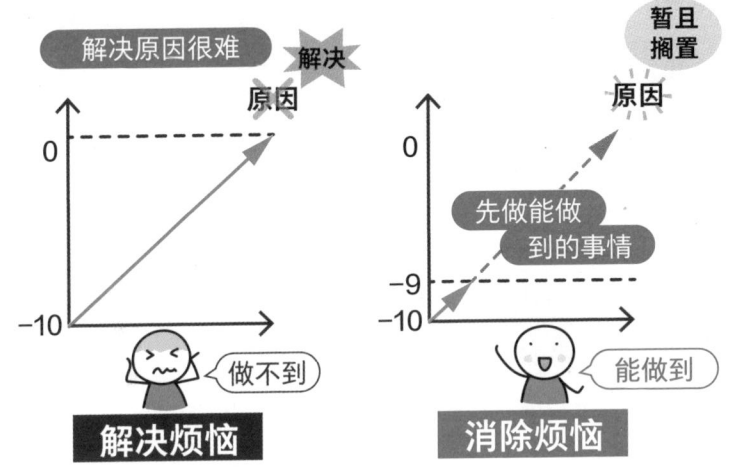

图 1.2　不要解决烦恼，而是消除烦恼

这时，你就会发现自己走出了无所适从和停滞不前的状态。接下来要做的就是把 –9 分变成 –8 分，再把 –8 分变成 –7 分！

这样一来，负面情绪就会很快消散，情况也会迅速改善。

本书没有采用"解决烦恼"的说法，而用了"消除烦恼"。"解决"一般指一下子消灭问题，但正如我之前反复提到的，这是不可能的。与此相比，把自己能做的事情一件件做好，一点点地减少烦恼才更加切合实际。一点点地"消除"烦恼，大家都能做到。

不必"根治"烦恼，**将原因搁置一旁，把能做的事情一件一件地做好是最重要的。**

上司变不了，那什么能变？

"和领导关系不好，所以干得不开心。每天都不想上班，想辞职。"

处理不好职场的人际关系是最常见的一类烦恼。

如果要从源头解决这个问题的话，只能在"上司消失"或"自己消失"中二选一。如果上司没有调职的可能性，就只能选择辞职？

非黑即白、不是 0 就是 100，极端的思维方式只会导致最坏的结果。

针对这个问题，或许你也可以采取更温和的处理方式来一点点地改善情况、消除烦恼。下面就是一些具体的应对方法。

- ▶ 提升工作能力，提高业绩，获得上司的肯定和信任（成为上司心目中的好下属）。
- ▶ 密切执行"报告、联络、商量"（菠菜法则①），提高沟通质量（加强与上司的沟通）。
- ▶ 学会讨上司喜欢（友善互动，提高亲密度）。

---

① 日本企业管理基本法则——报告、联络、商量，因三个词的第一个字发音连起来与菠菜（ほうれんそう）的日语发音相同而得名。——译者注

- 增进与其他同事间的关系（同事之间的融洽关系能起到弥补作用）。
- 学会"排压"，与人倾诉（释放压力及负面情绪）。
- 让工作和上司见鬼去吧，下了班就要让自己快乐（找到工作以外的乐趣）。
- 去健身房流汗，降低皮质醇水平（自我调节、运动）。
- 晨走，促进血清素的分泌，稳定情绪（自我调节）。

这些方法总结成一句话就是：**不要改变别人，要改变自己。**只要改变自己的思维方式和行动即可。

"与上司关系不好"这一问题的原因与上司有关，但我们不可能改变上司，只能让自己做出改变。常言道，"我们无法改变别人和过去"，但是，**人际关系却是可以改变的**。摆脱糟糕的人际关系或使其得到一定的改善，这是完全可能的。

不是"解决"烦恼，而是"消除"内心的压力、郁闷和不安。

本书将介绍三种具体方法：转换视角、语言化、行动化，这部分内容会在第二章及后续章节中展开。在这里我想继续谈谈我对"烦恼"的理解和认识。

3 烦恼的三个优点

人们普遍认为"烦恼"是一种负面情绪,甚至可以说是个坏东西,是个想要尽快除掉的存活于心中的"怪物"。

认为"烦恼=坏东西"的人,会觉得有烦恼的自己和无法消除烦恼的自己是废物和垃圾。这种状态下,自我肯定感低下,容易感到不安,且大脑的工作记忆(working memory)水平也会下降,造成思维迟缓和停滞,最后便会在烦恼的深渊中越陷越深。

但是,"烦恼"并不完全是坏东西。

下文所列的三个优点,将一改你对"烦恼=坏东西"的认知。

◎优点1:烦恼是人生的调味剂

跨栏是田径比赛中的一个项目。如果没有了栏架,这项比赛就失去了灵魂,也就不成立了。

人活一世,烦恼不可避免。没有烦恼的人生属实乏味无趣。人生路上总会遇到很多障碍。

重要的是,面对障碍时不要停下前进的脚步,抑或不要摔倒、受伤。遇到障碍时,只需保持节奏"咚、咚"地跳过去就好。不过,这也是需要技巧的。

不受困于压力和负面情绪的"躲闪战术",遇到困难仍然保

持前进的"心理韧性"——把这些技巧传达给大家也是我写作本书的目的之一。

如果没有经历烦恼、困难、麻烦或挫折，人就无法获得成长。没有困难和忧愁，每天都顺顺利利的，这样的人生不会很无聊吗？

在比萨上淋几滴塔巴斯科辣酱，口感和味道瞬间就会提升很多。但是加多了又会辣得吃不了，所以一定要适量调味。

烦恼就像人生不可或缺的调味剂，能使人生变得更加精彩和有趣。

◎ **优点 2：烦恼是心灵肌肉训练**

烦恼也可以被看作一种高效的"心灵肌肉训练"。

肌肉训练指，使肌肉承担比其已习惯的更重的负荷来锻炼肌肉。只有足够的负荷才能刺激到肌肉，而相对轻松的训练无法实现增肌的目的。

深陷烦恼的人，内心承受着负面情绪的负荷。但是，只要克服了这些困难，就能获得巨大的成长。

以角色扮演游戏里的 Boss 战为例，无论 Boss 多么强大，玩家打倒它后都会听到通关的号角，得到珍稀的道具、大量的金币、更厉害的武器装备以及超多的经验值，进入下一关。

因为"难"才会成长。只做"轻松"的事，永远不会获得成长。

如此看来，难过或痛苦都是人生必不可少的经历，是我们应该积极接纳的"贵人"。经历的痛苦越多，获得的人生经验值也就越多。

锻炼心灵肌肉，拒绝玻璃心

一个做管理的朋友给我讲过一个故事。

小 B 毕业于一流大学，就职于某知名企业，是人们口中的精英、人人羡慕的人生赢家。

入职一个月后，他犯了些小错误，受到了领导的警告。并不是严厉的批评，只是稍微提醒了一下。第二天小 B 就不来上班了，也没有请假。过了一段时间，音信全无的小 B 给领导发去了辞职信。

职场人，需要具备最基本的心理强度。

这里的心理强度指的是心理韧性。如果有像弹簧那样的弹力，承受压力时就能灵活伸缩、巧妙避开。小 B 由于缺乏心灵肌肉锻炼，所以受到压力时脆弱的心灵就好像一下子碎了，我称为"心灵骨折"。

遭遇巨大挫折、被父母或老师厉声训斥、表白失败……这些遭遇挫折的经历都会锻炼你的心理韧性。

烦恼是心灵的肌肉训练。如果能成功克服，就能实现自我成长，获得自信，这点毋庸置疑。烦恼、困难、困境、挫折，是人生中必不可少的"心灵锻炼",所以请不要逃避它。

◎优点3:烦恼是成长的路标

> 我想更能干。
>
> 我想提高沟通能力。
>
> 我想更有人情味。
>
> 我想更受人喜欢。
>
> 我想成为有钱人。
>
> 我想更幸福。

每个人都有上进心。但是,有多少人知道自己该做什么呢?很多人都感到迷茫,不知从何做起而原地踏步,这时就有一堵"墙"挡住了你前进的步伐。跨过这堵墙就是成长,你的心愿便会实现。

对于"成长",我的定义是"昨天做不到的事情,今天做到了",或"能够(更轻松、更高效地)完成一件新事情"。

迎着烦恼向前进,一定会收获成长。烦恼是成长的路标。循着路标前进,当经历过一个又一个烦恼后,你将会收获巨大的成长。

烦恼是你的良师诤友，可以指出缺点

烦恼往往与你的缺点、不足、不完美相伴而行，而你的"看家本领"一定不会给你带来烦恼。

分析烦恼能够认清自己，看懂自己的缺点、不足和时不时想逃避的东西。但是，你无须因此悲观、自责、灰心丧气。改正缺点和完善自己，你就会取得飞跃性的成长。

烦恼是能指出你的缺点和不足的良师诤友。

很多人习惯回避自己的不足和缺点，这是人人都有的自然心理。因此，人们往往意识不到自己的缺点。这些看不见的东西，在有烦恼时就会显现出来。

烦恼为快速成长提供了一个绝佳的机会。即使深陷烦恼中，也不必悲观和失落。学着像跨栏选手那样，"咚、咚"地轻轻跨过去吧。下一章，我将介绍具体的"跨栏"方法。

第 2 章

分析烦恼的三个轴

"有烦恼"本身并不是一件悲观消极的事情，而是一个能帮助自己成长的绝佳机会。

因此，我们不应被烦恼吞没，而要冷静分析。

"分析烦恼"听起来好像很难，但只要掌握以下三个轴，就会很简单。下面我将来具体解释一下分析方法。

1 控制轴——获得"控制感"，使烦恼消失

最大的压力来自"无能为力"

"在黑心企业上班，每天都累得够呛，精神要崩溃了。"

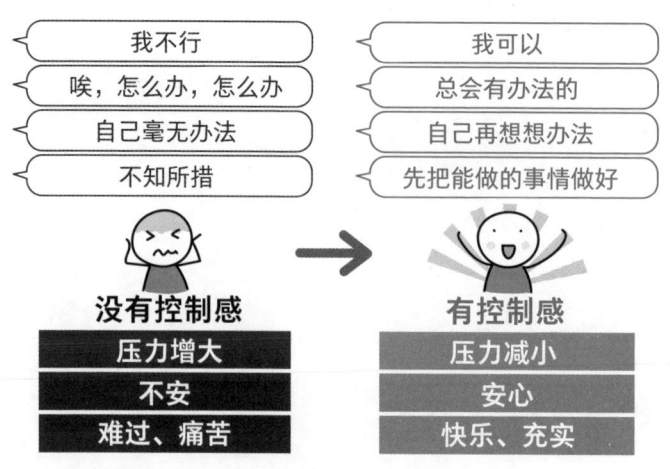

图 2.1

恶劣的工作环境，令人有压力的工作，加不完的班……在这样的公司上班，有的人三个月就得了抑郁症。而身处同一家公司，同样的工作内容，相同的工作时间，有的人却能安安稳稳地工作三年多。

他们之间的差别在哪儿呢？

答案是有无控制感。

患上抑郁症的人，其压力也许并不是来自繁忙的工作，而是因为无法控制令自己繁忙的工作，感到有压力。

"无法控制"指的是"不得不做自己不想做的事情"。

具体包括"不情愿又迫不得已地工作""工作没有创造性，只能机械地照着要求做""不按员工手册做就要返工和被骂""不能提出反对意见，不能自由表达自己的想法""常常被人指手画脚""工作没有自主权""时间紧任务重""墨守成规，不知变通"，等等。

即使处在同样繁忙的工作环境中，只要拥有控制感，就会感到充实和快乐。

"控制感"可以减轻压力

美国心理学家罗伯特·卡拉塞克研究了什么样的工作会给人带来压力，以及如何缓解工作压力，并提出了"工作要求—控制模型（卡拉塞克模型）"。横轴表示工作要求（demand），纵轴表

17

示工作控制度（control），由此将各种工作分为四类。

如下图所示，当工作处于低要求高控制度（工作简单、自主性高）的情况下，心理负荷较低（图 2.2 左上角）。当工作处于高要求低控制度（工作复杂、缺乏自主权）的情况下，心理负荷会变高（图 2.2 右下角）。

其次，工作控制度高，工作复杂的从业者，往往工作态度是积极进取的。学习的积极性高、工作动力强，容易感到充实和满足（图 2.2 右上角）。

相反，从事简单的控制度低（例如自动化流水线作业、零工等机械工作、重复性工作）的工作的人常常感到消极且被动，缺乏积极性（图 2.2 左下角）。

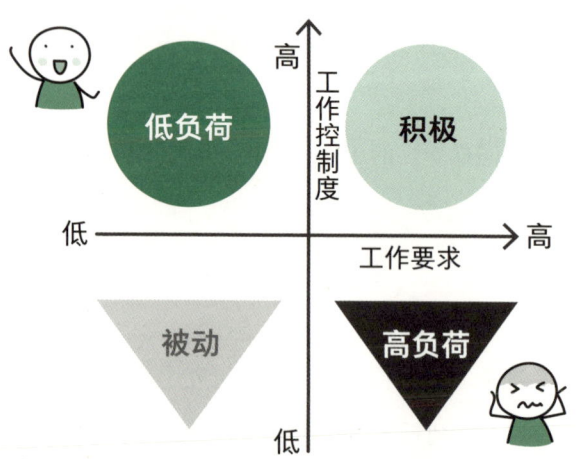

图 2.2　工作要求—控制模型（卡拉塞克模型）

第 2 章　分析烦恼的三个轴

下面我们再来看一则科学研究案例。

日本福冈县产业医科大学的研究人员对 6000 多名日本员工进行了长达 9 年的调查跟踪，研究了卡拉塞克模型与疾病发病率、自杀率之间的关系。

结果显示，高心理负荷组的员工脑中风的发病率是低心理负荷组的 2.73 倍。同时，低工作控制度组的自杀率为高工作控制度组的 4.1 倍。

这些研究数据表明，控制感对人的身心健康有着巨大的影响力。

这种控制感与工作种类、行业无关，重要的是本人能够意识到"自己能够控制与自己有关的一切"。即使是兼职，如果你是在

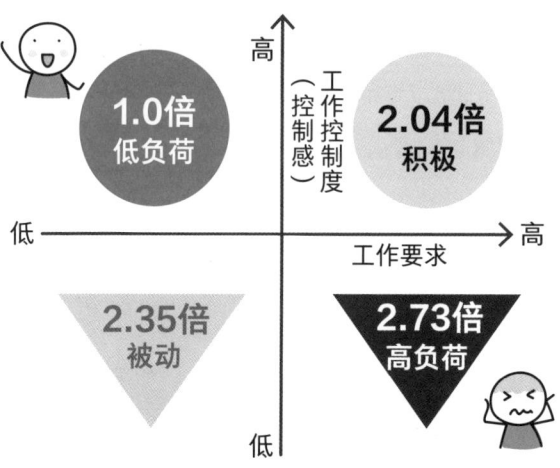

图 2.3　控制感与脑中风的发病率

业余时间轻松快乐地工作，感到游刃有余，就不会有什么压力。

但对不擅长做计划和定目标的人来说，如果被赋予了更多决策权，本人反倒会感到抵触和压力。

同样的工作，同样的时间，拥有了控制感，就会感到轻松愉快；缺乏控制感，就会给人带来压力和痛苦。

你现在是哪种状态呢？

令人转忧为安的话——"总会有办法的"

"欠了1000万日元，我不想活了……"

下面这则案例或许能使你更好地理解控制感。

C先生，50多岁，一家小型家族企业的老板。由于经营不善欠下了1000万日元（约人民币48万元）的债务，精神崩溃，在夫人的陪同下来医院看病。

C先生一副憔悴不堪、失魂落魄的样子，甚至说出了"如果月底无法筹齐1000万日元，公司就会倒闭，家庭破裂，只能通过自杀的方式，获取保险金来偿还债务了"这种骇人听闻的话。

"向银行咨询过吗？""没有。"简单了解后得知，C先生一直都是靠自己的资金维持经营，从来没有贷过款。于是我建议他先去银行问问，没有开药。

第 2 章 分析烦恼的三个轴

一周后，C 先生神采奕奕地来到医院，宛如换了一个人。因为他可以向银行申请 1000 万日元的住宅抵押贷款。

"虽然每个月要还 6 万日元，但总算是有办法了！"

真是不可思议。C 先生仍然负债 1000 万日元，这个事实没有发生丝毫改变。然而一周前的他还绝望不已，长吁短叹："欠了 1000 万日元，完了，完了。"失去了控制感的他，惶恐不安，甚至想自寻短见。

但是一周后，他申请了银行贷款："每月还 6 万日元就能解决问题。"C 先生重获控制感，不再惶惶不安。

这就是控制感的力量。

无须纠结于造成烦恼的原因，只要拥有控制感，就能生出希望、激发干劲并付诸行动。

"唉，怎么办呀""没辙""完了，彻底完了"……当你连声哀叹、叫苦不迭时，已然深陷绝境。这时，只要能抓住一线生机，将"走投无路"转变为"车到山前必有路"，烦恼也就自行消失了。

"认为自己'做不到'，就是死路一条；认为自己'能做到'，就能起死回生。"

——桦泽紫苑

【烦恼分析法1】将可控率数字化

你的烦恼是可控的还是不可控的？恐怕大部分人之所以感到烦恼都是因为无法控制自己的烦恼。

如果在可控和不可控之间选择一个，消极思维者往往会选择不可控。因此，要分析烦恼，首先需要用数值将可控率具体化。

我们把烦恼的可控率定为0～100%区间内的某一具体数值，而不是两极分化的0（不可控）或100%（可控），就像调节音量一样，将可控率放在一个连续的区间内进行定位。

如果烦恼的可控率为0（不可控），那就没办法了，烦恼也是徒劳。对于可控率为0的大难题，我们只能放弃。

但是，如果可控率有10%，就可以通过改变烦恼的定位、转换视角和改变看法等方法，逐步将可控率提高到30%、50%、80%。

接下来，我们只需专注于问题的可控制部分，确定应对办法和待办事项（TO DO），之后坚定地付诸行动。这样一来，再大的烦恼也能慢慢消除。

- ▶ 将烦恼分类：不可控和可控
- ▶ 对于不可控的烦恼，果断放弃
- ▶ 对于可控的烦恼，逐渐增加可控率

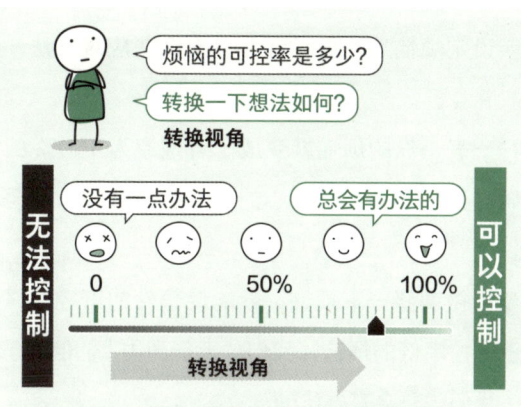

图 2.4　将无法控制变为可以控制的问题

◎烦恼："明天去郊游，但因为担心下雨而睡不着。"

首先，"明天会不会下雨"这一烦恼的可控率是多少呢？

你能通过什么行为来改变明天的天气吗？当然是不可以的。也就是说，这一烦恼的可控率为 0。对于无法控制的事情，担心也无济于事。

但是你还是止不住地担心："明天下雨的话怎么办呀？"从而焦虑不安，难以入睡。

这时，你需要转换视角，重新设定烦恼。

◎重新设定烦恼："明天去郊游，下雨的话怎么办呢？"

▶ 准备雨具（雨伞、雨衣）

▶ 在鞋子和背包上喷防水喷雾

▶ 带套换洗衣服，以备不时之需

重新设定烦恼后，自然就会想出这些应对方法，即使下雨也不怕被淋湿了。

这样一来，你的烦恼就变成了可控率为 100% 的完全可控事件。做好万全准备后，内心的不安就会散去，你便可以安心入睡了。

只要稍微调整一下烦恼，就能使事件的可控率得到大幅提高。对于可控率低的烦恼，我们"无能为力"；但对于可控率高的烦恼，我们"总会有办法的"。

在被卷入烦恼的旋涡之前，请你一定及时问问自己："这件事的可控率有多少？"

如果事件的可控率很低，你可以重新设定烦恼，提高可控率。转换一下看问题的视角，将"无能为力"变成"总会有办法的"。

关于重新设定烦恼，本书第三章会更详细地说明。

重获控制感的三句话

控制感有多么重要，相信大家已经有所了解。

即便如此，想必很多人还是无法做到知行合一，想要拖延回避，从而焦虑消极。

如果你也是这样，请一定要学会下面三句话，它们能让你重获控制感。只要平日里有意识地避免消极和抱怨，多说这三句话，给予自己积极的暗示，就能减少烦恼。

1／"总会有办法的。"

这是我经常说的一句话。

"明天就是截稿日了，还没写完，要崩溃了。"这时，我便会小声暗示自己"总会有办法的"，然后继续埋头写稿。通过暗示，我的焦虑感就会慢慢消失，变得专注，最后赶在截止日期前交稿。

"总会有办法的"，说着说着，好像就真的出现了办法。

听上去有些不可思议，但从脑科学的角度来看，这是成立的。

人一旦察觉到危险，大脑的杏仁核就会瞬间兴奋起来，向身体发出"危险，小心！"的信号（本书第八章也有提到）。当不明物体突然向你飞来时，你会"哇"的一声发出惊叫，并迅速躲开。那就是杏仁核发出"危险，快跑！"信号的结果。

对我来说，赶不上交稿日期是危险紧急的情况，这时杏仁核会向我发出警告："糟糕，来不及了！"于是我会陷入焦虑和混乱之中。

如果把杏仁核比作一匹野马，那么负责驭马的缰绳就是大脑前额叶。大脑前额叶是大脑的总司令，主要有思考、记忆、调节情绪等功能。

有研究表明，当语言（语言信息）从大脑前额叶传递到杏仁核时，杏仁核的兴奋程度会受到抑制。

从脑科学的角度来看，语言具有缓解焦虑的效果。

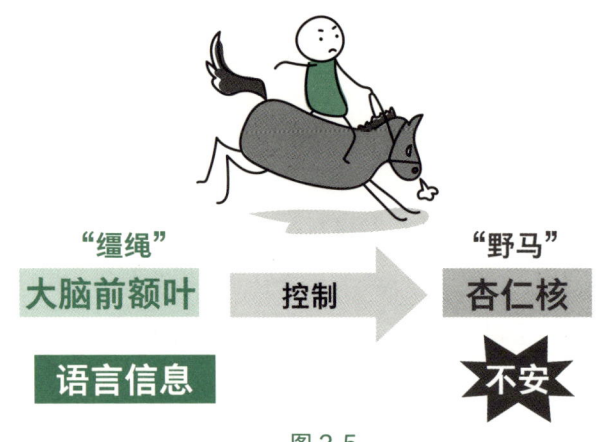

"缰绳" → "野马"
大脑前额叶 控制 杏仁核
语言信息 不安

图 2.5

只要多暗示自己"总会有办法的",这条语言信息就会抑制杏仁核过度兴奋的状态,减轻焦虑情绪。当你将这句话反复暗示并灌输给大脑时,便会产生安慰剂效应(暗示效应),使情绪快速平复。

语言可以改变情绪。

心理学家曾做过这样一个实验:研究者将参与者分为两组进行药剂注射,来比较注射时的疼痛效果。其中,一组参与者被要求喊痛,另一组则被要求不喊不叫。

结果显示,与忍痛的一组参与者相比,喊痛的一组的疼痛感降低了五分之一。"好疼",像这样把感受说出来,你的恐惧、不安和紧张就会减轻。

"总会有办法的"是一句非常乐观的话,能够驱散不安,使人恢复镇定。相反,悲观的话则会增加你的不安。

前文出现多次的"心理韧性"一词,即承受压力时内心的反应状态。越乐观的人,心理韧性就越高。因此,多用乐观的话暗示自己,有助于克服压力和负面情绪。

冲绳方言中的"なんくるないさ"和西班牙语的"Que Sera, Sera"①,两者的意思都类似"总会有办法的"。

只要能助你由悲观转为乐观,重新找回控制感,任何一句话都能适用。那么在遇到危机时,你就可以临危不乱、淡然处之。

2/"我能行!"

当被问到"试试看如何?",有的人会立刻回答:"我做不到!"

"做不到"是禁用语。在你脱口而出的瞬间,"我不行"的脑回路就会接通,大脑就像关了机一样,停止运转和思考。

失去控制感的人常常唉声叹气:"唉,怎么办啊?"然而,这样做只会使大脑反复强化这种危急状态——迷茫无助、失去控制感的状态。于是再遇到危急情况时,杏仁核就会过度兴奋,使你更加焦虑。

哪怕觉得自己真的做不到,关键时刻,也要大声说出"我能行!"。

"我能行!""我能做到!""事在人为!""一定可以的!"

---

① 阿尔弗雷德·希区柯克执导的电影《擒凶记》中,多丽丝·黛演唱的电影主题曲名。曾流行一时。——原文注

同时，想象一下成功后的自己——"做到了！""完成了！""成功了！"，你会感到兴奋和期待，这时大脑会分泌大量的多巴胺。多巴胺是人在定位目标时大脑分泌的一种化学物质，它能提高注意力、专注力、记忆力，使工作效率大幅提高。

在一本论述"肯定"的书中有句话是这么说的："比起'我能做到！'，'我做到了！'这种完成时态会起到更好的暗示效果。"

我认为这是具有说服力的。当喊出"我做到了！"的同时，你会条件反射地想象出成功的自己，大脑就会分泌大量的多巴胺。

最近非常流行"预祝"——提前庆祝目标的达成，也是同样的道理。该活动通过召集多巴胺应援团来给自己加油打气，从而提高任务成效。说"我做不到"会使大脑关机，而说"我能做到"，大脑就会招来多巴胺应援团，让大脑更好地工作和运转。

3 ∕ "把能做到的事情做好。"

这是我在网络频道中经常提到的一句话。

实现不了的高目标百害而无一利，我们只能做能做到的事情。 无论你多么努力，也只能把能做到的事情做好。总是勉强自己做做不到的事情，时间久了只会造成心理疾病，损害身体。

失去控制感的时候，对自己说一句"先把能做的事情做好吧"，能帮助你回到原点，让失控暴走的自己紧急停下来。

2 时间轴——专注当下，使烦恼消失

把目光放在当下！

很多人常常为过去的事情后悔不已，或为将来的事情焦虑不安。你的烦恼是什么时候的烦恼？**"现在能做什么"**才是应该考虑的事情。

"今天因为工作失误，被上司狠狠地骂了一顿……"

回家后，再去回想 6 小时前挨骂的 5 分钟，很难不烦恼，这相当于在"反刍痛苦"。

"职场人际关系最糟心了！尤其是小 D，看见他就烦。"

现在小 D 不在你面前，你却偏要想起他，让自己不痛快，这就是"反刍痛苦"。如果小 D 现在正在痛骂你，你难免会不开心。但是下班时间是完全属于自己的时间，你要在这个时间回想不愉快的事情，感到烦恼也只能怪自己。

这种行为说到底是通过反刍痛苦给自己制造烦恼。或者，通过反复回想一些小痛苦、小焦虑，无限放大烦恼。

当你回想起糟糕的过去，感到遗憾难过的时候，请将注意力转移到当下。把目光放回当下，"后悔"就会转变成"安心"。

【烦恼分析法 2】自问自答："这个烦恼是现在的烦恼吗？"

"因为工作上的失误，被上司狠狠地骂了一顿！"

这个烦恼是什么时候的烦恼？→ 6 小时前，挨骂 5 分钟

▶ 已经发生的事情，闷闷不乐也无济于事。

现在能做的是——

▶ 努力学习，避免再犯同样的错误。

遇到烦恼时先问问自己："现在的烦恼是什么时候的烦恼？"然后写下具体的时间，"12 年前""7 天前""6 小时前"。

"以前""过去"这种词，太模糊不具体。不要写"小时候遭受过虐待"，而要写"12 年前遭受过虐待"。"小时候"这种模糊的词汇，会让人觉得像刚过去不久。但是，如果写"12 年前"的话，控制感就会大幅增加。

你会意识到："已经过去 12 年了啊！真的是很久以前的事了，再去想又有什么意义呢。"

同样，为未来的事情担心时也可以用同样的方法，把目光放回到当下。

"我担心以后没钱养老。"

这个烦恼是什么时候的烦恼？

→ 30 年后（65 岁）

▶ 30 年后的事情，现在担心又有什么用呢？

现在能做什么来防止这种情况的发生？

▶ 一点点地攒钱，增加养老储蓄。

第 2 章　分析烦恼的三个轴

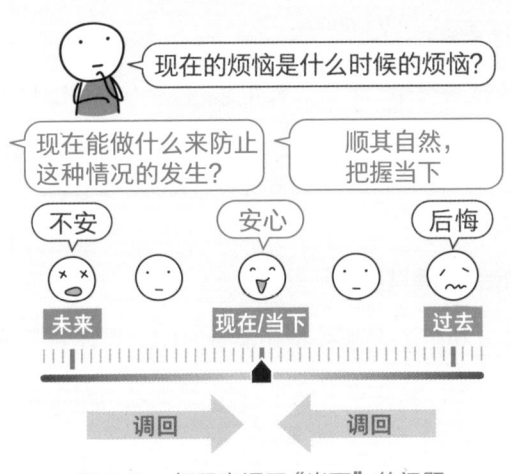

图 2.6　把目光调回"当下"的问题

"要是得了老年痴呆症怎么办？"

这个烦恼是什么时候的烦恼？

→ 50 年后（80 岁）

▶ 50 年后的事情，现在担心又有什么用呢？

现在能做什么来防止这种情况的发生？

▶ 在网上搜索。"每周至少运动 2 次，每次 20 ～ 30 分钟，程度以身体微微出汗为佳，这样患痴呆症的风险会降低三分之二。"（来自芬兰某研究）

▶ 定期运动。

回想过去，追悔不已；遥想未来，焦虑不安。其实，只要把目光放到当下，就能获得安心。

> "保持乐观。
>
> "不为过去悔恨，不为未来焦虑，只看'此时此刻'。"
>
> ——阿尔弗雷德·阿德勒

放下过去的话："顺其自然"

追悔过去和担心未来都是在浪费时间。道理并不难懂，但做到知行合一很难，总会有人抱怨："不快的经历时常浮上心头，怎么也放不下！"

语言（大脑前额叶）是控制焦虑（杏仁核）的缰绳。当你非常焦虑时，通过语言来驾驭失控的情绪是最有效的。放不下过去、不快的经历挥之不去时，一定要记住这句话。

"顺其自然，把握当下。"

"顺其自然"是日本著名禅宗研究者铃木大拙的口头禅。在他的出生地金泽有一座纪念馆——铃木大拙馆。我去到馆里，看到一幅由大拙亲笔题写的"顺其自然"书法挂轴。

据说大拙在世时，很多人来找他求助。每每听完来客的问题后，大拙都会当即回复一句"顺其自然"，并为客人答疑解惑、提出建议。

"二元对立，非此即彼，但跳出二元以外还有全新的世界。这才是世界的本质,是被人用二元逻辑分别看待事物之前的状态。"这便是铃木大拙对"顺其自然"的诠释。

一句"顺其自然",能让深陷苦恼的人从一个次元跳到另一个次元。而且,这句话不含有否定或肯定对方的讲述、想法及情感的意思,而是客观中立的,这点也很重要。

"我明白你的问题了,**但是,**何不试试 B 这种想法呢?"

一般情况下,在回复咨询者提出的困惑时,我们常会用到"但是"一词。"但是"是一个转折连词,含有一种否定对方的烦恼和情感的意思,会使对方产生被否定的感觉,从而生出抵抗情绪,难以客观地听取建议。

"我明白你的问题了,**让它顺其自然吧,**何不试试 B 这种想法呢?"

这样的表达不会否定或肯定对方的烦恼、想法和情感,而含有一种包容和接纳,给对方一种就像在说"你的心情我非常理解,我们先不想……"的印象。

这是一种非常高级的心理技巧:说话时不要否定对方,而要顺着对方的意思,将话题推到更高的层次上。这个方法不限制角色和时间,简单实用。

实际上,自从去过铃木大拙馆后,每当产生负面情绪时,我就会对自己说"顺其自然吧"。

"哎呀,不能按时交稿了!"

"顺其自然吧,从现在开始先集中精力写 30 分钟稿子。"

这句话能有效地转换视角,重启混乱的大脑,可以在任何场合使用,帮助深陷苦恼的你及时转换情绪和想法。

当不快的回忆涌上心头时,记得告诉自己"顺其自然",接着问问自己:"当下,我能做些什么?"

我们的大脑常常执着于过去的事情、过去的经历。这时要把注意力从"过去"调回到"当下"。换句话说,重要的是把目光放到当下,因此要常问问自己:"当下,我能做些什么?"

"顺其自然,过去无法改变,先做好能做的事吧!"

放下过去也好,摆脱负面情绪也罢,当你想要调整状态时,就可以对自己说这句话。

> "顺其自然。"
> ——铃木大拙

第 2 章　分析烦恼的三个轴

被男朋友甩了

- 我居然被甩了
- 浪费了3年的青春
- 对他好点儿就好了
- 那个时候不该说那样的话
- 我真差劲！
- 我真傻！

后悔
自责

↓

顺其自然

客观：后悔也没用，现在能做些什么？

过去 → 现在

乐观：旧的不去，新的不来。

图 2.7

3 自我轴——改变自己，使烦恼消失

我们无法改变过去和他人

交往分析的创始者、精神科医生艾瑞克·伯恩有一句名言："我们无法改变过去与别人，但可以从现在开始改变未来与自己。"

生活中的大部分烦恼，都来自已经发生的过去的事情，其次便来自人际关系。

为什么这些事情最令人烦恼呢？因为我们无法控制。乘坐时光机回到过去是电影中的虚幻场景，而在现实生活中，过去无法改变，这是不言而喻的事实。

然而，令人意外的是，"我们无法改变他人"这一常识，真正懂得的人并不多。

我在网络上发起的一项调查显示，想要改变他人的人占 39.1%。**世界上竟然有约四成的人想要改变他人，为了自己不可控的事情白费力气，消磨精力。**

虽然改变他人的性格或行动不是完全不可能的，但若非本人自愿，就不是一件易事。而且即使做到了，也需要花很多时间。

只有自己能够决定自己怎么想、要做什么，旁人是无法左右的。

你无法预测也无法操控他人的所作所为，他人是自己可控范

想过
39.1%

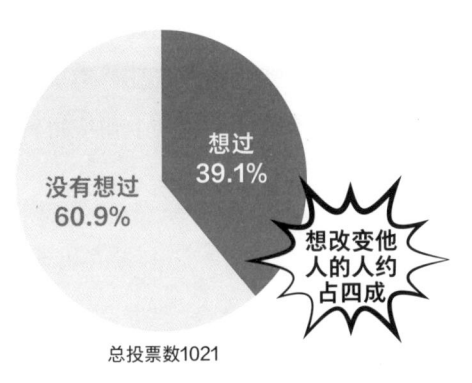

没有想过
60.9%

想改变他人的人约占四成

总投票数1021

图 2.8　你想过改变他人吗？

（你想要改变同事、家人、朋友的行动、想法吗？）

围之外的客观存在。虽然如此，但仍有太多人执着于改变无法改变的他人，并为此耗费了大量的精力。

> "我们无法改变过去与别人，但可以从现在开始改变未来与自己。"
>
> ——艾瑞克·伯恩

你能移动 10 吨重的石头吗？

一个人正要徒手推走一块 10 吨重的巨石。面对此情此景，你会怎么想？

你会想"怎么会有这么蠢的人"吧？的确是可笑至极。但是，这不就是我们为了改变他人而抗争的姿态吗？

想让丈夫（妻子）对自己言听计从很难，让讨厌学习的孩子用功学习很难，把一个暴躁苛刻的上司变得善解人意很难，让工作不卖力的下属鼓起干劲儿也很难。

【烦恼分析法 3】分析烦恼的"自我率"

你的烦恼是自己的烦恼还是别人的烦恼？这些烦恼自己就能解决还是需要他人的努力和协助？抑或是，自己完全应付不了？

这就是对烦恼的"自我率"的分析。

自我率，就是对于一件事情，自己能够把控的比例。

"我老婆的脾气暴躁，想让她变得温柔一些！"

改变他人的性格极其困难，所以这种情况下的自我率大概是10%。这时，我们不妨重新设定烦恼："希望老婆少发几回脾气。"

什么情况下妻子会发脾气？当你把家里弄得乱七八糟的时候，当你喝得烂醉深夜回家的时候……如果是这样的话，那就

第 2 章 分析烦恼的三个轴

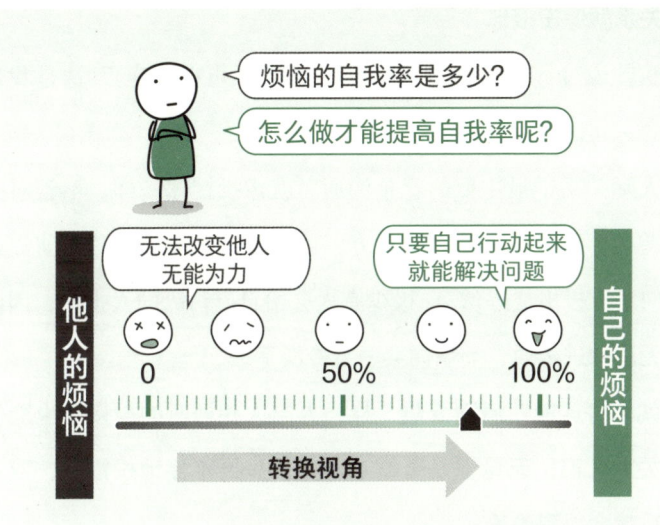

图 2.9 把目光转移到"自己"身上的问题

少做这些让妻子发脾气的事情。这时，自我率就会飙升至 90% 左右。

如果一件事的自我率是 0，那么你只能把一切都交给对方，或者直接放弃。

只要能增加自我率，即使是与他人有关的烦恼或与他人关系很大的烦恼，也一定可以通过自己的努力和行动消除或减轻。

"怎么做才能提高自我率呢？"

多思考这个问题，就能慢慢找到应对方法，发现待办事项（TO DO）。

人际关系就像投接球

我曾说过:"人无法改变,但人际关系可以改变。"这是我最喜欢的一句话。

人际关系中最主要的就是沟通。就像投接球一样,不管对方多么差劲,不管你多么讨厌对方,接球方总是能接到球,前提是你要向对方投出"好球"。极少有人会给自己讨厌的人投球,因此双方无法增进沟通,关系便会一直冷淡下去。

就像打球能使肩膀变热一样,人与人相处时的投接球也能使人际关系升温。**无论你是否喜欢对方,只要不停地投接球,双方的关系就会得到改善。**

投接球的具体方法如下:

- ▶ 增加接触的频率和次数
- ▶ 密切执行"菠菜"法则(报告、联络、商量)
- ▶ 多聊天,聊工作以外的事情(自我表露)
- ▶ 多参加聚会,挨着讨厌的人坐
- ▶ 善待对方

用三个轴进行多角度分析

烦恼是一个模糊的概念。但是,如果放任其在脑中肆意生长,不去梳理,烦恼就永远得不到解决。

第 2 章　分析烦恼的三个轴

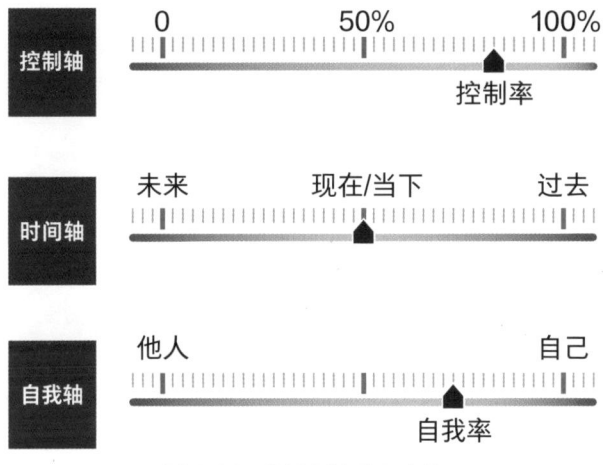

图 2.10　分析烦恼的三个轴

因此遇到烦恼时，要学会运用三个轴——"控制轴""时间轴""自我轴"——来分析。回归现在（当下）、回归自己，提高可控率，消除烦恼。

第 3 章

消除烦恼的三个方法

行文至此，想必大家已经能够理解和分析自己的烦恼了。

那么就请学以致用，运用三个轴来理解自己的烦恼，让自己放轻松吧。下一步，便是找到消除烦恼的方法。

1 搜一搜，使烦恼消失

神奇的 3 分钟短视频

"看过桦泽老师的视频后，安心了很多。"

"只是看了视频心情就好多了。"

在我发布的视频的评论区里有很多这样的评论。仅仅是看了一个 3 分钟的小视频，现实情况也不会因此发生任何变化。那么，

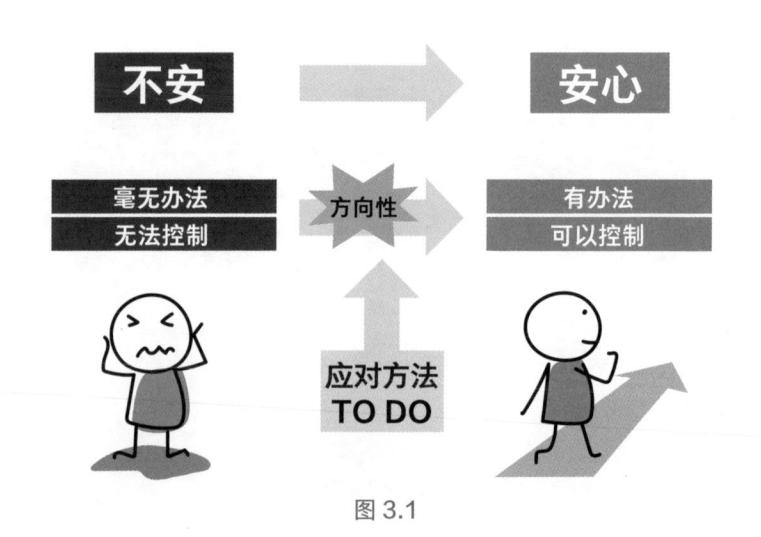

图 3.1

为什么心情会瞬间变好呢？

"对未来感到不安"指因为没有方向、看不到前路而不安的状态。如果能把握未来，也就不会感到焦虑不安。

找不到方向就会焦虑不安，找准方向就会安心踏实。

在我的视频和书中极其重视应对方法和待办事项（TO DO）。指明这两点，才能最大限度地帮助他人。

实际上，大部分网友在看过我的视频后心情都变好了。关于这点，我视频的评论区就是最好的证明。

搜一搜，烦恼就减轻

当今社会，几乎人手一部智能手机，所有人都可以瞬间搜索到自己想要的信息。因此，我们没必要连续几天、几个月为某一个烦恼所困。上网搜一搜，就能找到很多介绍解决方法的网站和视频。只要找到了应对方法就能放心很多。

但是，有些人能通过"搜索"消除自己的烦恼，有些人却不能。

前文提到，在我的网络频道里，每天都会收到来自不同网友提出的相同问题。对此我很不解："为什么不先搜一搜呢？"

打开搜索界面，在搜索框内输入你的烦恼（关键词），点击搜索键，瞬间就能搜到很多相关视频。

比如，我每周都会收到网友问"我好像患有发育障碍，怎么办？""怀疑自己有发育障碍怎么办？""被诊断有发育障碍，应

图 3.2　YouTube 频道内的搜索方法

对方法有哪些？""可能得了 ADHD（注意缺陷与多动障碍），我该怎么办？""我好像有 ADHD。"等众多问题。

如果只搜索"好像患有发育障碍"，其他博主的相关视频也会一并出现。其中，只要你选几个看一看，就会明白"觉得自己有发育障碍不一定代表真的得了发育障碍"，从而摆脱烦恼。

搜一搜，就能减少九成的烦恼。

但是，我每周仍会收到类似"觉得自己患有发育障碍"的问题，说明遇到问题不会搜索的人有很多。

越烦恼，越焦虑、茫然，越不知所措，这些人总想"怎么办才好"，甚至连"搜一搜就能发现方法"这种基本常识都忘掉了。

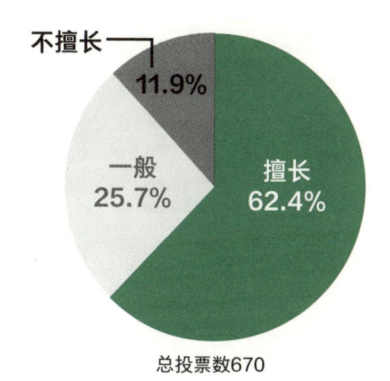

图 3.3　你擅长使用搜索引擎 (Google 等) 吗?

请记住：找到应对方法后，烦恼就会减轻。我们所处的时代十分便利，只要你想找，15 秒就能找到方法。哪怕你还要去阅读、观看和消化，15 分钟也绰绰有余了。

当你遇到麻烦、烦恼、问题时，请先搜索一下。

会搜索的人和不会搜索的人

如前文所述，有的人遇到烦恼不会搜索，那么这样的人有多少呢？为了解真实情况，我又发布了一项问卷调查。

"你擅长使用搜索引擎（Google 等）吗？"（总投票数 670）

回答"擅长"的人占 62.4%。也就是说，超半数的人认为自己能熟练地使用手机、电脑搜索信息，这让我有些意外。同时，认为自己不擅长搜索的网友占到约四成。

47

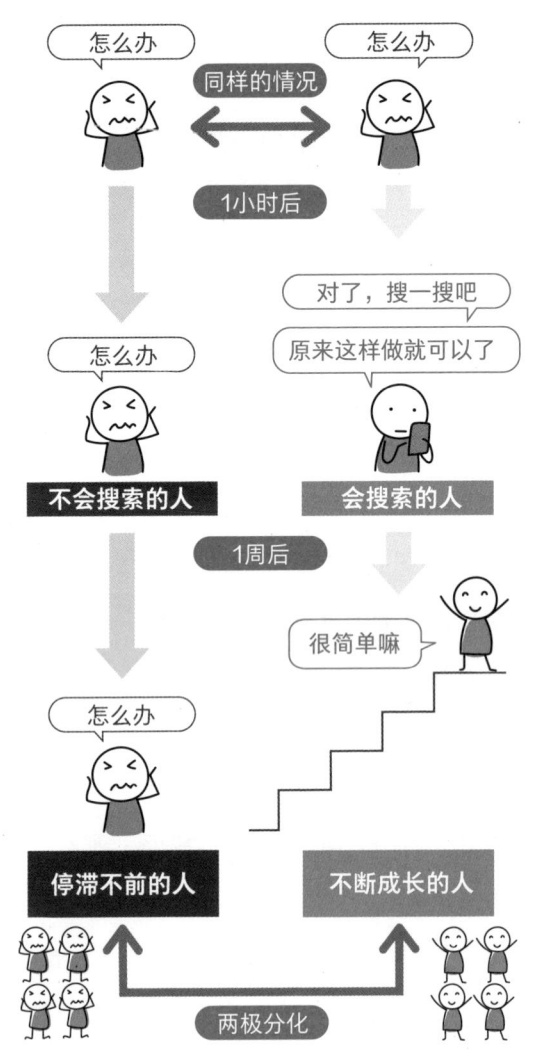

图 3.4 "会搜索的人"和"不会搜索的人"的两极分化

擅长搜索的人，遇到烦恼，能够瞬间搜索出应对方法。下一步，便只需将应做的事付诸行动，将做不到的事暂时搁置、保留就好了。

由此我猜想，面对烦恼，人们的反应呈现两极化，60%的人能迅速找到应对方法、继续前进；而另外40%的人无法熟练搜索甚至不懂得搜索，会被一件事连续困扰几个星期甚至几个月。

也许有人会反驳："即使查到了方法，问题也不会得到解决。"关于这个问题，我会在第八章"行动化"中具体解释。首先请养成"有烦恼先搜索"的习惯吧。

只出石头是赢不了猜拳游戏的

猜拳游戏的取胜秘诀是，先预测对方出什么。有人会问："一直出石头能赢吗？"当然不能。

然而，当今社会不乏一直出石头的人。换句话说，有些人只会用一种方法应对烦恼和压力。

以前文中讲到的小B为例。入职刚一个月却因为一点儿失败辞职，原因是他手里只有辞职这一张牌。一般情况下，我们本应找人帮助。他完全可以在提出辞职前，先找领导谈一谈。

但是，如果只有一张牌，就会一条路走到黑，完全想不到其他方法。

对于小B的例子，你或许会不以为然。但实际上，很多人都

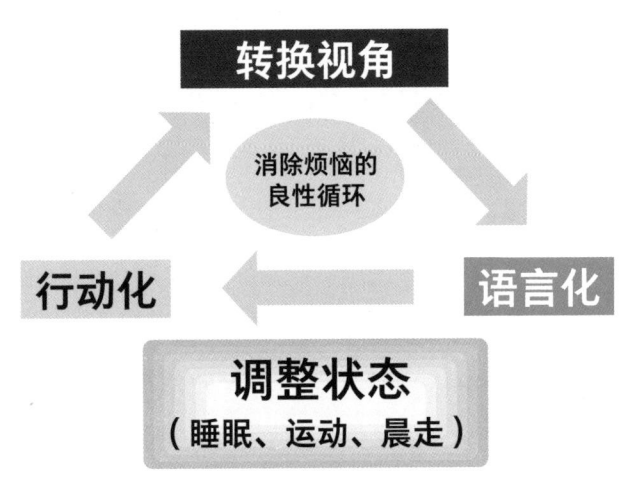

```
        转换视角
       ↗        ↘
   消除烦恼的
    良性循环
   ↑            ↓
  行动化  ←   语言化

       调整状态
    （睡眠、运动、晨走）
```

图 3.5

死死抓着"遇到烦恼独自承受"这一张牌，很多人都是一个人与烦恼做斗争。我在网络上发布的一项调查显示，有 28.8% 的人遇到烦恼会立刻求助他人（第 150 页），而约 70% 的人不会寻求别人的帮助，选择独自承受。

手中仅仅握有一张牌，容易把路走死，将自己逼入绝境。如果掌握了三种方法，遇到问题就能随机应变。在本书的后半部分，我将倾囊相授三张王牌，分别是**"转换视角""语言化""行动化"**。有了这三张王牌，你就能轻松消除一切烦恼。

2 拥有"躲闪力",使烦恼消失

不要和压力硬碰硬

有一个词叫"抗压",指的是人面对压力时的承受能力,给人一种很有毅力的感觉。但是,最近心理学和精神医学专家指出,比起增强抗压能力,增强"心理韧性"更重要。

心理韧性(resilience)也被译为"心理弹性""复原力",原本是工业用语,表示弹簧的弹力。人们时常会因遇到困难而萎靡不振,这时只要像弹簧一样迅速回到原来的状态即可。

如果具备较强的心理韧性,即使暂时受到压力、挫折的压迫,也能迅速反弹并复原。

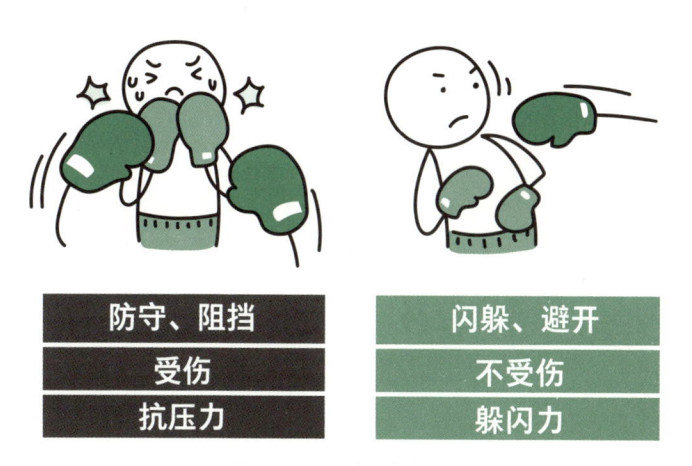

防守、阻挡	闪躲、避开
受伤	不受伤
抗压力	躲闪力

图 3.6　哪种更轻松?

很多人一有压力,就会先想到"忍受""忍耐""硬扛"等。

"越困难,越要扛住!"

完全不需要硬扛,这种时候更要像弹簧一样,能伸能缩、转移压力。最理想的结果是毫发无伤地面对压力,我称之为"躲闪"。

你需要拥有的是"躲闪力"。如果能躲过伤害,你根本都不需要"恢复原状"。

下面是我在观看拳击比赛时获得的启示。

不管对手出的拳多么大力,只要打不到你,你就不会受伤。优秀的拳击选手往往擅长"摇避"(一种通过前后左右地晃动上半身来躲避对手进攻的防守技术),因此不会被击中。不管对手出的拳有多重,只要不被打到,就是零伤害。

斗牛士的应对方法

一头巨大凶猛的牛向斗牛士迎面袭来,斗牛士会怎么做?

敏捷地展开穆莱塔(Muleta,斗牛士用来挑逗公牛的红布,中间穿有一根木棒)来躲避斗牛的猛冲?这是必然的,因为只要被斗牛顶到,就一定会受重伤。

然而根据我的经验,现实中很多人会举起巨大的铁制盾牌来迎击斗牛。只是把沉重的盾牌架起来就已经很吃力了,这些人却还要咬紧牙关、顽强抵抗对手的迎头猛击。终于,在第三次攻击袭来时再也招架不住,连人带盾牌被顶了出去。

那么，当遭受斗牛袭击时，应该怎么做？

A：挥舞穆莱塔并迅速躲开，避免正面接触和受伤。

B：用铁盾正面抵抗斗牛的攻击。

显然，方法 A 能避免受伤，是更明智的选择。理解了这点以后，在现实社会中，学以致用"躲闪力"显得更加重要。

大多数人在受到攻击时不会闪躲，而是反击。

比如，当别人说你坏话时，你会当面顶回去，或者在背后说他的坏话；在和同事聚餐时说领导的坏话；在闺密局上说婆婆的坏话，这些都是反击的表现。

甚至有人责备自己"简直太差劲了"，这是一种"自我攻击"，就像在反复鞭打已经被压力击垮的自己。

面对烦恼和痛苦，只要能灵巧地躲闪开来，就不会给自己带来压力和负担。

因此，我将向大家推荐下面三句话，这些话方便实用，与斗牛士挥舞穆莱塔的效果相当。想瞬间掌握提高"躲闪力"的方法吗？别急，这些话便是为你量身定做的。

增强躲闪力的神奇话语

1 / 瞬间躲闪:"是吗……"
"同事总爱装腔作势。"

我们的生活中总有一些人喜欢拉踩或贬低别人,以此来彰显优越感。他们特别喜欢看你一脸厌恶的表情,也就是所谓的"愉快犯[①]"。对这种人你越是表现得一脸厌恶,他就越得意,越能获得快感,进而反复"攻击"你。

当你遇到这种情况,怒上心头时,请回复一句"是吗……"。说话方式也很重要,要不带感情、机械式地说出这句话。

嘴上回复:"是吗……这样啊。""是吗……受教了,谢谢。"心里想的其实是:"是吗……(随便你怎么说,与我无关)。"或者:"是吗……(无所谓)。"

如果你表现出愤怒、反感、厌恶等情绪,直接反驳对方,就会火上浇油,从而使双方关系陷入泥潭,进一步助长对方的攻击意愿,你的压力也会越来越大。但如果你冷淡地回复一句"是吗……",对方会有一种扑空的失落感,觉得没劲。明明想通过看你不开心来获得快感,没想到适得其反,对方也就不会再来骚扰你。

[①] 本义指由犯罪行为引发人们或社会的恐慌,然后暗中观察这些人的反应以取乐的犯罪者,引申为以恶作剧取乐、作乐的人。

2／躲过所有攻击："林子大了什么鸟都有。"

听说小 E 在背后说你的坏话,你可能很生气,但请告诉自己："林子大了什么鸟都有。"

世界上有各种各样的人。有性格好的人、也有性格不好的人;有诚实的人、也有爱撒谎的人;有温柔平和的人、也有脾气暴躁的人。

如果一遇到性格不好的、爱撒谎的、脾气暴躁的人,就生气、郁闷,那你永远都不会开心。更何况,我们无法改变别人恶劣的品性,这不是自己可以控制的。

当受到别人恶意的语言攻击、侮辱贬低时,请在心里告诉自己:"林子大了什么鸟都有。"最近流行"多样性",世界上有各种各样的人,也是理所当然的。

有时候你越是不想遇到什么样的人,这种人越是容易出现在你面前。就像在玩 RPG 游戏《勇者斗恶龙》时"史莱姆出现了"一样,对大概率事件我们无须感到奇怪、惊讶或失落。只要记住"林子大了什么鸟都有",无视掉就可以了。

3／躲过上司或前辈的攻击:"谢谢。"

当然,与上司或前辈说话时不能用"是吗……"。当被这类人批评打压时,不如回复"谢谢"。

"谢谢赐教。"

"谢谢提醒，我会注意的。"

没有人会因为别人对自己说"谢谢"而不快。

当受到别人的训斥、挖苦、诽谤时，我们会产生负面情绪，想要反击。这时，先向对方说句"谢谢"，你的负面情绪就会减弱，而且还能打击对方的气焰。

被上司训斥时，一言不发、怒目回瞪是最低级的做法。这么做等同于火上浇油，令本就紧张的上下级关系雪上加霜，也会让自己更容易成为被排挤和被欺负的对象。但如果回复一句"谢谢领导，我以后会注意的"，就能把你的负面情绪藏起来。

即使十分愤怒和烦躁，也请避开正面回击，转而默念"躲闪话语"吧。

面对攻击和伤害，保持冷静，平常心对待。虽然这不是一朝一夕就能做到的，但只要有意识地学以致用，就能增强"躲闪力"。

3 重新设定烦恼，使烦恼消失

地震是可控事件

"发生大地震怎么办？"

担心会不会发生地震等自然灾害的人不在少数。

据说，今后 30 年内南海海沟发生大地震的概率是 70%，并将引发 10 米高的海啸，受灾规模是东日本大地震的 10 倍以上。从电视上播放的地震专题片中了解到大地震的可怕后，惴惴不安也是人之常情。

那么，"发生大地震怎么办"这一烦恼的可控率有多少呢？

地震的发生不以人的意志为转移，因此发生大地震的可控率应该是 0 吧？

既然这样，为无法控制的事情烦恼也是徒劳。对于无法控制的烦恼，我们只能放弃。但这样一来便永远无法消除对地震与死亡的恐惧心理。

在我看来，"担心发生地震"这一烦恼的可控率是 100%。

如果重新设定烦恼，将"预防地震的发生"变成"避免遭受地震的伤害"，这个烦恼就变成了完全可控事件，也就可以 100%

消除对大地震的担心。比如移居到不在地震带上的国家，那么我们受到地震伤害的概率几乎为 0。

但是，也有人认为移居到其他国家是不现实的。去不了国外的话，移居到地震发生次数最少的地区？比如富山县、佐贺县、山口县？我当然不是劝你马上移居，而是想表达，**"担心发生地震"这种烦恼并不是完全不可控，也是可以控制的。**

不过，大部分人都不会因为地震而移居吧。如果对你来说，"担心地震"是人生中最大的烦恼，那不如考虑赶快移居，让自己安心。另外，极少有人仅仅因为担心地震而移居。也就是说，这并不是什么严重的烦恼。

重新设定烦恼

接下来，我们重新设定"发生大地震怎么办"这一烦恼。

虽然你嘴上说担心，但如果自己和家人没有生命危险，房子和财产也没有损失的话，也就无须太过担心了。将烦恼分解后，我们就能发现，你担心的其实是地震会危及自己和家人的生命、担心房屋倒塌、担心产生经济损失。

地震造成人员伤亡的首要原因是建筑物坍塌，以下措施均可以有效预防建筑物的坍塌。

第 3 章　消除烦恼的三个方法

- ▶ 增强房屋的抗震性
- ▶ 选择符合抗震标准的住房
- ▶ 用金属零件或支柱棒等工具固定大件家具

同时，地震可能引发海啸，如果住在海边，需要提前找好避难场所，以备发生灾害时快速避难。

如果担心造成经济损失，可以投保地震险。我想很多人应该都不清楚自己有没有买保险，足额投保可以为这部分人减少一些后顾之忧。

此外，适量准备一些灾害应急避难用品；一周的饮用水和食物；便携式厕所；太阳能电池（以防停电后手机没电）；确定从公司到家的避难路线；找到除电话外能联系到家人的方法……

我们能做的事情其实有很多。提前做好万全准备，也就不会有烦恼了。

"把能准备的准备好，能做的都做完！"这种准备充分的感觉会给你带来自信，消除恐惧和不安。

只要稍微改变一下原有的烦恼，就能帮你把原本束手无策的不可控的"硬骨头"变成可控的"小菜一碟"，这便是"重新设定烦恼"。

59

重新设定"个子矮"

"因为个子矮,找不到女朋友。"

F 先生,30 岁,身高 1.55 米,单身。他最大的烦恼是"个子矮"。F 先生经常叹气道:"因为个子矮,30 年来从未交过女朋友。"

那么,"个子矮"这一烦恼的可控率是多少呢?

人到了 30 岁,一般就不会再长高了。听说国外有一种"断骨增高手术",就是把腿部骨质切开,接入金属固定架,通过一点点地延长来实现增高。但手术费极其昂贵,而且效果有限,只能增高几厘米。

30 岁之后再想长高的概率极低,几乎为 0。

但是在我看来,F 先生的烦恼,可控率是 100%,是有办法解决的。

真正困扰他的是什么?因为个子矮而烦恼,这是他最大的烦恼吗?

根据我的经验,F 先生真正的烦恼其实是"不受欢迎"和"30 年都没谈过女朋友"。但他把自己不受欢迎的原因归结为"个子矮",这在心理学上称为"自我合理化"。

如果 F 先生交到了一个漂亮的女朋友,还会为个子矮而烦恼吗?如果他娶到一个漂亮的老婆,生了两个可爱的孩子,还会为个子矮而烦恼吗？

F 先生因个子矮而产生了自卑感。**当生活不如意时，总想把原因归咎于个子矮的"自卑感"，这是人类的无意识心理在作祟。**

有没有魅力不是由身高决定的。以下这些方法都可以提升魅力。

- ▶ 学会关心、体贴别人
- ▶ 选对发型，提升衣品和气质
- ▶ 坚持运动
- ▶ 努力工作，事业有成
- ▶ 成为有钱人

除了身高，我们还可以从很多方面提升个人魅力，更别说世界上有很多虽然个子矮但很有魅力的人。

人由 100 个参数（变量）组成，你无须因其中某个参数值低而悲观。

重新设定"个子矮"后，你会发现 F 先生的烦恼其实是"缺少魅力"。

即使无法变得高大，但只要交到漂亮的女朋友，你也就不会再为身高而烦恼。提升个人魅力的最佳方式是发挥自己的长处。不能靠外貌吸引别人，那就关注其他方面，加强内在的修炼，比如在工作和学习上表现出色。

只要重新设定烦恼，就能瞬间将"不可控"事件化为"可控"事件。

帮你重新设定烦恼的三个问题

你的烦恼定偏了，所以重新设定吧！

即便如此，想必很多人对如何设定正确的、真正的烦恼仍是一头雾水。以下是三个帮你重新设定烦恼的问题。

1／ 最让你困扰的事情是什么？

"地震了！完蛋了！怎么办啊？"

即使发生大地震，如果没有造成人员伤亡的话，其实不必过于担心。也就是说，你最大的烦恼并不是"发生大地震怎么办"。

因为盲目担心地震，你从东京市搬到了佐贺县。虽然现在没有了地震的担忧，但你又开始担心："遇到大规模台风怎么办？"

真正最让你困扰的事情是什么？

不是"发生地震"，也不是"被台风袭击"，而是你"喜欢胡思乱想的性格"。在我看来，你真正的问题是"容易受到电视上不安报道的影响"和"思想太消极"。

搞清楚这个问题后，就可以有针对性地采取一些措施了。

- ▶ 不看容易引起不安的电视新闻
- ▶ 减少看电视和上网的时间
- ▶ 写积极的日记，改掉消极心态

这样持续三个月，例如"要发生地震了""要有大灾难了"这些焦虑不安就会减轻很多。

事实是，很多人只是嘴上说着"要是××了怎么办""担心会××"，却不采取任何行动。有多少人能做到知行合一？担心发生灾害，去储备防灾用品和食物了吗？说到底只是焦虑罢了。

"最让你困扰的事情是什么？"这个问题有助于增加自我洞察力。

直面自己，找到真正让自己困扰的事情和最想要改善的事情。

2／消除这个烦恼后，你满意了吗？

"我的鼻梁低，很自卑。"

就像前面提到的 F 先生一样，很多人都会因对自己的某个身体部位不满意而感到自卑。我在网络上做过一项调查，83.1% 的人都会因这个原因而自卑。人人都会自卑，这很正常。

但你还是很介意自己的鼻子，于是做了整形手术。手术很成功，现在你拥有了一个高挺的鼻子。

不会
16.9%

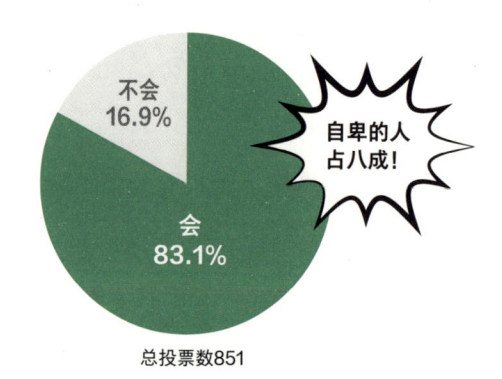

自卑的人
占八成！

会
83.1%

总投票数851

图 3.7　你会因为外表而自卑吗？
（太胖、太矮、塌鼻梁、头发少）

你满意了吗？你会觉得"整形手术让自己变幸福了"吗？

其实大部分人都不会就此满足。他们做完鼻部手术又开始挑剔自己的单眼皮，于是又想做双眼皮手术……无休无止。

在这个过程中，真正困扰你的不是塌鼻梁，而是缺乏自信。无论怎么修饰容貌，都无法提升自信，所以永远都不会满足。

问题的关键在于烦恼的"定位"错了。

那么，该怎么办呢？

如果你真正的烦恼是"没有自信"，那就努力提升自信，通过行动和努力不断成长。

如果你觉得自己是因为鼻子塌所以找不到男朋友，那不如报个厨艺班练练厨艺吧。哪怕这不能帮你交到男朋友，但学会一门手艺会给你带来自信。告别那个犹豫不决的自己，蜕变成一个全新的自己。

3／消除这个烦恼后，你能幸福吗？

"害怕地震。"

如果你一辈子没有经历过地震，你会觉得"幸福地过了一生"吗？你一定不会这样想。

那么，假设你从没遭遇过地震或灾害，没有遇到过重大事故或重大纠纷，也没有生过大病，健康地活到了90岁呢？

你的烦恼不是"害怕地震"，而是"害怕失去健康和安全"。这样你就会明白，不应该把时间浪费在胡思乱想、担心地震这种事情上，而应多做一些对健康有益的活动，比如睡觉和运动。

让你变幸福的神奇问题

前文介绍了重新设定烦恼的三个问题，通过这些问题，你会发现自己（以为）的烦恼并不是你最大的、最本质的烦恼。但是，即使看过书中所讲的方法，仍有很多人不清楚自己到底想做什么、想要什么。

接下来的两个问题会帮你找到真正想要的东西，因此这两个问题也可以称为"让你变幸福的神奇问题"。

你知道《阿拉丁神灯》吗？这则童话故事被翻拍成迪士尼动画电影和真人电影，想必很多人都看过。假设现在你得到了一盏神灯，只要擦一擦，灯神就会出现，并对你说："我可以帮你实现三个愿望。"

无论什么愿望都能实现，但只能提三个。你会许什么愿望？

你会祈祷"希望不再发生大地震"吗？当然不会。你一定有其他更想实现的愿望吧。真是奇怪，明明你一直在担心"发生大地震的话怎么办"。也就是说，虽然你的确担心大地震，但也不会将"世上再无地震"放进最想实现的愿望池里。这就说明，对你来说，这并不是什么大不了的事情。如果这个烦恼让你最痛苦，那么你一定想最先解决它。

苦恼个子矮的人又该怎么办呢？应该许愿长到一米八吗？

假设 F 先生得到了神灯，对灯神说："请让我长到一米八。"F 先生的愿望实现了，他变成了高个子，但他的性格、为人一点都没

图 3.8 神灯问题

变。F 先生仍然很自私，没有女人喜欢他，他还是会单身一辈子。

◎神灯问题 A
"如果三个愿望都实现了，我的烦恼就能被消除吗？"

不受欢迎的人不会因为长高就一下子变得受欢迎。既然如此，就不必执着于身高，而应完善自己的性格和为人。

问问自己这个问题，你就会明白你现在的烦恼究竟是不是你的根本烦恼或最大的烦恼。

◎神灯问题 B
"将你最想实现的三个愿望写下来吧。"

接下来，写下你的三个愿望、心愿或梦想。

我们假设，只要写下来就一定会实现。想必没有人会写"希望改掉抖腿的毛病""希望不再社恐""希望不会得痴呆症"这样的愿望吧。

希望自己摆脱社恐的人，真正希望的是能和大家愉快地交流。因为即使治好了社交恐惧症，也不一定能交到朋友或恋人。很多人都为自己的小毛病而苦恼，像"希望不再抖腿""希望能治好脱发"等。但是，你却不会将改掉这些缺点列入人生最想实现的三个愿望之中。

你真正想要的不是改掉抖腿的毛病，而是希望别人不再用异样的眼光看待自己，希望别人不会把自己当成怪人。也就是说，你真正的愿望是"拓展社交圈，构建和谐的人际关系"。

那么在一开始，你应该许愿"想要拥有和谐的人际关系"。然后查找构建关系的方法，并逐一实践。这样一来你就会发现，抖腿的毛病并不妨碍良好人际关系的建立。

人们常常觉得自己当下的烦恼极其严重。但是，这些事情在我们漫长的人生中，往往并不是最首要、最重要的问题。通过向自己提出"神灯问题"，你就会发现自己的烦恼"定错了"，或是"定偏了"，最终你会明白你的目标究竟是什么。

重新设定烦恼，使你摆脱自卑感。

你要投入时间和精力去解决的，并不是（你原以为的）那个烦恼。

第4章

改变看法，让自己更快乐
（转换视角1）

只要看法变了，大部分的烦恼就会迎刃而解。

无论做什么事，刚开始总是最难的。但是转变看法并没有那么难，坐着不动也能做到。

转换视角，就是改变因陷入烦恼而僵化的观念。消除烦恼要打好三张牌，第一张就是"转换视角"。

1 视角变了，风景就变了

巨石也能被轻松移动

如果那块数米高、10吨重的巨石再次挡在你的面前。你能把它移走吗？

你肯定会回答"不能"。很遗憾，回答错误。有推土机等重型机械帮忙，10吨重的石头也能被轻松移走。

在这个问题中，题干并没有要求必须"用人力"或"靠自己的力量"移动巨石，你完全可以求助他人或者借助机器、工具、程序、IT技术等。但现实是，大部分陷入烦恼的人宁愿独自硬扛，也不愿求助他人。

适时地求助他人能帮助我们更好地实现目标。这也是一种"转换视角"的方式。

这次，那块巨石又挡住了你的去路。但因道路狭窄，重型机械无法进入。

你又犯了难:"这么大的石头怎么移走啊?哎呀,怎么办呀?"

这时请你想一想,那块石头必须被移走吗?

"可它挡住了去路啊!"

你的目的是前行,所以根本不需要费力地去移动石头。

- ▶ 登上石头,爬到对面
- ▶ 在巨石旁架梯子,爬到对面
- ▶ 放弃这条路,绕道而行

当你发现搬走石头并不是最终目的时,就能想出很多应对方法。这就是"转换视角"。

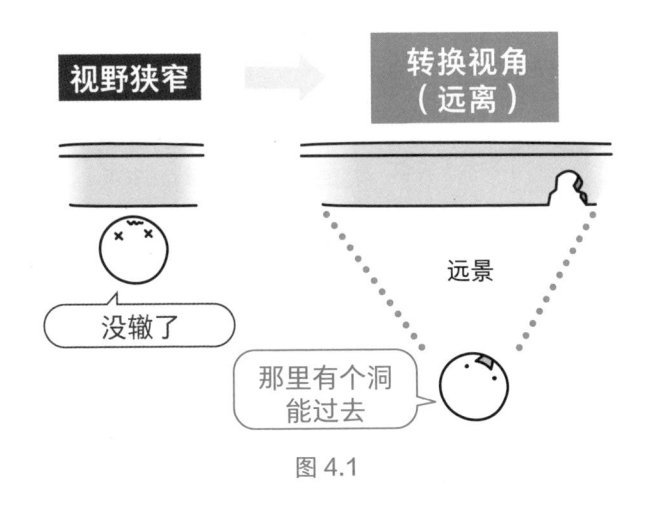

图 4.1

缺少信息会引起不安

视角，是指观察事物的位置和看待事物的角度和立场。

假设你的眼前有一堵 10 米高的墙。乍一看，你想："这怎么跨得过去啊？怎么办呀？"

如果我们先后退几十米呢？你也许会发现在右边约 50 米的地方，墙壁塌了个洞。突然，你有了主意："可以从那个洞口钻过去！"

另外，你还可以用无人机从空中观察。于是你会发现，绕远迂回一下就过去了。你豁然开朗："早知道绕个弯不就行了嘛。"

即使没有无人机，也可以打电话求助别人。

"有一堵墙挡住了去路，我该怎么办……"

"用梯子啊！我带着呢，借给你吧。"

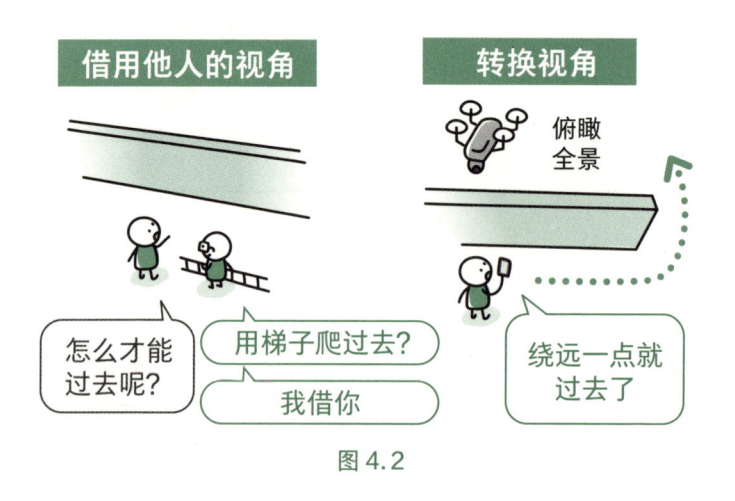

图 4.2

学会用别人的视角看问题，也能轻松找到解决方法。

有些问题乍一看好像很难，但通过转换视角，你就会发现情况并没有你想得那么严重，事情也没有那么困难。

当你发现不用清除石头（困难）也能解决问题时，心情就会放松下来，慢慢想到解决方法。

被烦恼困住的人往往是"近视眼"，只能看到眼前的烦恼。**缺少信息会引发不安情绪，焦虑又会进一步导致视野变狭窄。**自己有意识地转变视角才是解决问题的关键。

轻松转换视角的神奇话语："还有别的方法吗？"

面对烦恼，不纠结原因，转换视角也可以解决问题。虽然道理很简单，但实践起来是有难度的。这种时候建议问问自己下面这句话，帮你轻松转换视角。

"还有别的方法吗？"

例如，有份文件必须在今天之内提交。你从早上一直忙到现在，但还是完不成任务。

"完了，死定了……"

这时先不要沮丧，而是问问自己："还有别的方法吗？"

▶ **求助他人**

靠一己之力无法完成，那就尝试借助别人的力量。请同事或朋友帮忙。

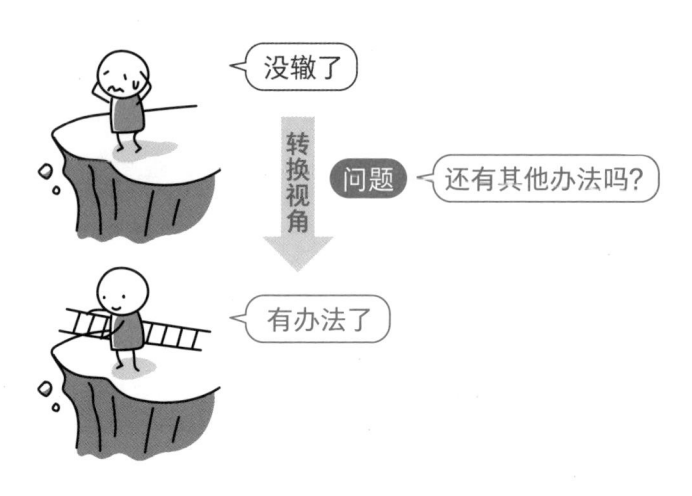

图 4.3　转换视角的神奇话语

▶ **申请延期**

今天赶不上的话，就向领导申请晚一些提交文件，比如"明天早上 9 点"。延迟一天或半天的话，也不是完全没有可能。

▶ **请示领导**

过了截止日期后再向领导汇报"没完成任务"，并不是一个好办法。正确的做法是提前向领导说明情况："实在不能按时完成。"或是请示领导："我该怎么做呢？"趁现在还有补救的机会，或许领导可以网开一面："先把做完的交上来，全部做完后再重新提交一份。"

被烦恼所困时，多问问自己"还有别的方法吗？"一念之间，就可以转变视角，"山穷水尽"也能"柳暗花明"。

2 美好生活需要三种视角

1／用中立视角看问题

"真积极"与"假积极"

想必大家都听过一则关于两个皮鞋推销员的故事。

两个皮鞋推销员被派到南岛推销皮鞋,到了岛上后两人大吃一惊。岛上的居民全都光脚走路,从不穿鞋。于是,两位推销员分别给公司发了一封电报。

A 的电报是:"糟糕了,这个岛上没有一个人穿鞋。"

B 的电报是:"好极了,这个岛上没有一个人穿鞋。"

如果你是皮鞋推销员,你会持哪种观点?

"A 是消极思维,B 是积极思维,就算身处绝境只要积极乐观就会迎来转机,因此应该向 B 推销员学习。"这便是当下主流励志书中提倡的"积极思维"。

然而,从**积极心理学**的角度来看,这是完全错误的。

"因为没人穿鞋,所以鞋子会大卖"这种想法没有任何根据,纯属乐天主义,就像赌博碰运气一样。

那么我们试着换一种思维看问题,既不悲观看待,也不盲目乐观。

- ▶ 询问岛民第一次见到鞋子的感想
- ▶ 请几位居民试穿鞋子，并询问他们的感受
- ▶ 摒弃畏难心理，行动起来，看看到底能不能把鞋子卖出去
- ▶ 询问居民们的预期价格

遇事不能轻言放弃，也不可盲目乐观、胡想蛮干，而要摒弃先入之见，不意气用事。收集证据、数据，结合现状，冷静分析，理智行动，积极寻求解决办法。这才是积极心理学中真正的"积极思维"。

积极心理学是心理学一个新的分支，由美国心理学会主席、宾夕法尼亚大学心理学教授马丁·塞利格曼于1998年提出。

虽然市面上有很多关于积极心理学的书籍，但是很多人并没有看过这些书，便人云亦云地崇尚积极，不免可惜。

在日语中，"ポジティブ"（positive）一词，一般被认为是"ネガティブ"（negative）的反义词，在描述人时指的是人的性格乐观、积极开朗。然而在英语中，"positive"含有"肯定的"的意思。

"准确分析，把握现状，积极面对"，这也正是积极心理学中所倡导的积极。"心流"（一种个人在专注进行某行为时所表现的心理状态）这一概念的出现也受到了积极心理学的影响。

人们通常认为自我肯定感强的人就是充满自信的人，其实并非如此。

"又搞砸了，我简直是个废物，但这就是真实的我啊，我接纳不完美的自己。"

"我性格忧郁，这就是我最显著的性格特点，是我的一部分。"

无论自己多么糟糕，能够接受那个有缺陷的自己才是真正的自我肯定。

或许，故事中的皮鞋推销员应有如下心态。

"既不消极逃避，也不盲目乐观，而是调查研究，基于现实情况，查找和收集数据，理性分析，积极采取行动，而非感情用事。"

我把这种态度叫作**"中立思维"**。

这与积极心理学中所指的"积极"大致相同，但为了避免读者将其与日语中受到曲解的"积极"一词进行混淆而使用了"中立"一词。

所谓"中立"，有以下几个特征：

- 情绪稳定，不喜怒无常
- 不被表象所迷惑，通过收集客观事实和数据，去除先入之见和偏见
- 不以偏概全
- 理性分析，冷静行动
- 遇到困难不逃避，理智分析，坚持己见

只要具备了这种思维方式，就算身处困境也能安之若素，淡然处之。研究表明，这种人的应变能力更强，也更容易健康长寿。

半杯水的故事

下面这个故事想必大家也十分熟悉。

看到一只有半杯水的杯子，你想到了什么？
A："杯子里只有半杯水。"
B："杯子里还有半杯水。"

大部分人看来，A的思维方式是消极的，B的思维方式是积极的。

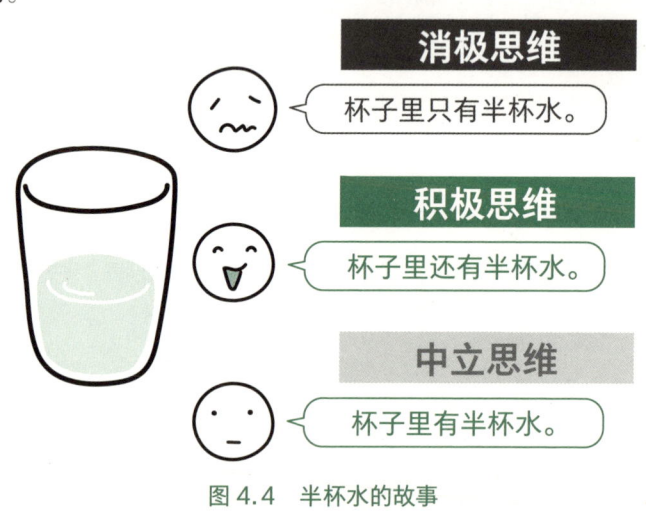

消极思维 —— 杯子里只有半杯水。

积极思维 —— 杯子里还有半杯水。

中立思维 —— 杯子里有半杯水。

图 4.4 半杯水的故事

与此相对,"杯子里有半杯水"才是中立思维。

无论是"**只**"还是"**还**"都出自主观判断。主观即掺杂了个人感情,是随心情变化的,但是"杯子里有半杯水"是事实。事实不因个人的主观看法而改变。没人会对事实提出异议。

将事实和感情一分为二是中立思维的一大特点。

偏见——导致判断错误的认知偏差

以消极方式看待问题的人,常常杞人忧天,庸人自扰,然而过于积极乐观也不是好事。平时从不学习,就算高喊一百遍"必过",考试成绩也不会提高。

太过消极与太过积极都是一种偏见。

思维方式消极的人看到的都是对自己不利的信息,而思维方式过于积极的人看到的都是对自己有利的信息。这两种思维方式都不科学,会导致判断错误。

这就叫作"认知偏差",即因为偏见、先入之见致使自己做出不正确的判断。后面的章节中,我还会讲到这一概念。

以中立思维看问题能够获取更多正确的信息,让你做出正确的判断,也更容易取得成功。

将事实与感情一分为二

如果不能将客观事实与感情分离开来,遇事就容易被个人情感冲昏头脑，无法理智客观地看待问题、看待自己。感情就如浓雾一样，将事实遮掩起来。

如果不能正确地理解事实、面对事实，就会产生压力，变得烦躁不安、愤怒，最后陷入情绪的泥沼中，不能自拔。

换言之，只要能将事实与感情分开来看问题，在面对意外、挫折、精神创伤时就可以从容处理。

以中立思维看问题最重要的是将事实与感情一分为二，客观理性，实事求是。

事实	
感情（主观想法）	
思考（客观想法）	

以半杯水的故事为例完成表格。

事实	杯子里有半杯水。
感情（主观想法）	糟糕，只剩半杯水了。
思考（客观想法）	服务员，可以加水吗？

下面是一个更复杂的例子。

"在与客户沟通的过程中，客户误解了我的意思而勃然大怒。

我没有错,都是客户的错。"这是一个常见的不愉快的工作情景。在这种情况下,我们容易被愤怒冲昏头脑,而无法认清事实。

"没能在交货期之前交货,客户非常生气。客户把我说的9月15日听成了9月5日,错的不是我,明明是客户自己听错了,结果他却在电话里把我大骂了一顿。"

下面我们试着将事实与感情分开,梳理下事件。

事实	我说的是"9月15日交货",客户听成了"9月5日交货"。
感情(主观想法)	我没有错,不能接受客户冲我发火。
思考(客观想法)	我传达的信息是正确的,问题出在客户听错了,我没有错。
解决办法和补救措施	9月5日没有收到货,客户很生气。可通过以下办法解决: ①首先向客户道歉,并说明情况,承诺一定在原定的9月15日交货; ②联系产品管理部门,征询是否可以尽早交货。
反思	①交货期等数字类信息,不仅要口头告知对方,还要通过文件、邮件等书面形式通知对方,留下备份,以防出现纠纷; ②重要信息多重复几次,以确保正确有效地传达; ③告知日期的同时,加上星期几,如9月15日(星期四)。

我们无法改变已经发生的事情，但可以采取补救措施，有时间怨天尤人、发泄情绪，还不如把能做的事情做好。

失败和犯错都无法避免，也无法挽回，我们能做的只有不再犯同样的错误。失败可以促使你成长，但前提是学会反思。

因此，你要经常问问自己："为了避免再犯同样的错误，我能做些什么？"

2／用远景镜头看生活

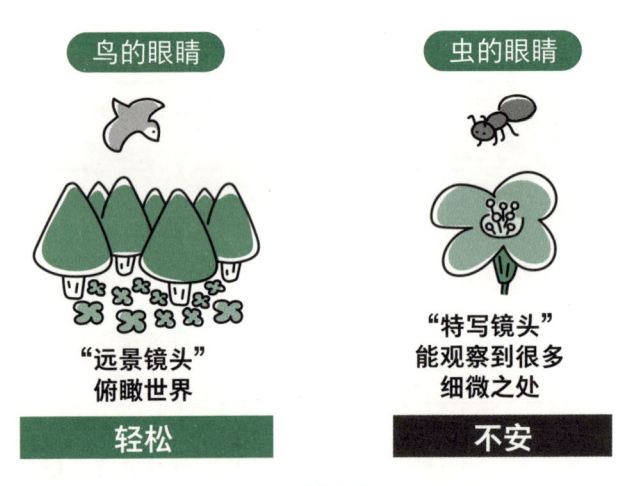

鸟的眼睛	虫的眼睛
"远景镜头"俯瞰世界	"特写镜头"能观察到很多细微之处
轻松	不安

图 4.5

用特写镜头看生活，生活是一场悲剧

"一叶蔽目，不见太山"指做事只顾眼前、缺乏远见，是一种局部视角。

第4章 改变看法，让自己更快乐（转换视角1）

拿踢足球来说，只顾眼前的运动员只会盯着自己脚下的球，到该传球时才匆忙看向赛场，这样为时已晚；而优秀的运动员会时刻关注赛场的情况：队友和对手的跑位、自由空间等。只有像从电视上看球赛一样从"上帝视角"把握全场，才能完成如手术刀般精准的传球和魔术般的奇迹射球。

从整体着眼，俯瞰全局，深入本质，才能做出正确的判断，抓住机遇。这也就是所谓的"跳出来看问题"和"用远景镜头看问题"。

"用特写镜头看生活，生活是一场悲剧；用远景镜头看生活，生活是一场喜剧。"这是默片时代喜剧大师卓别林的名言。

如果总用特写镜头看生活，看到的全是自己的缺点和不如意之处。换成远景镜头后，你就会发现那些事情也没什么大不了，生活中有很多美好的事物。

想要摆脱烦恼，必须学会改变视角，学会用远景镜头看问题。

当然，"用特写镜头看问题"和"注意细节"也绝非不好的事情。只是排先后顺序的话，首先还是要用远景镜头统摄全局。但是，只用远景镜头是不够的。就像拍电影一样，只有将远景镜头、特写镜头结合使用才能拍出层次丰富的电影。

拍电影时需要不断切换镜头，生活中也是同样的道理，学会转换视角看问题，烦恼便会烟消云散。

> "用特写镜头看生活，生活是一场悲剧；用远景镜头看生活，生活是一场喜剧。"
>
> ——查理·卓别林

狭隘视野——看不见的敌人

郁郁寡欢的人经常抱怨"没有能谈心的人""没有人关心自己"。有趣的是，总有人在默默支持关心着他（她），为什么会出现这种情况呢？

人一旦陷入困境，就容易钻牛角尖，而一叶障目就是"狭隘视野"的心理现象。

一旦陷入狭隘视野，便容易将自己困囿于狭小的视野中，看不到身边的美好，也很难跳脱出来。

这种惶惶不安的心理状态会使人沉溺于自己的痛苦中，看不到别人，对身边的人和事漠不关心，缺乏热情。这种状态持续恶化下去，还会产生抑郁和自我封闭心理，甚至钻进死胡同再也出不来，最终生出自杀的念头。

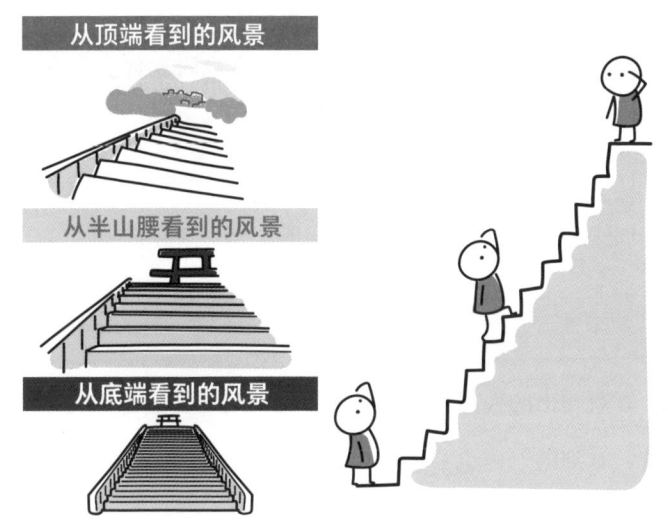

图 4.6　每上一层台阶看到的风景都不同

胡思乱想不如先干起来！

东京港区的爱宕神社中有座被称为"出世"（出人头地）的石阶。传说只要爬上这座阶梯，就能出人头地。这座石阶有 86 级，倾斜度约 40 度，给人一种劈头而下的压迫感。

大部分人站在第 1 级石阶处，望着最上面的第 86 级石阶便开始打退堂鼓："太难了，这怎么可能爬得上去嘛！"

消除烦恼也是同样的道理。**站在起始点望终点，难度自然会高，从而产生畏难情绪，表现出迟疑和放弃。这并不难理解。**

先爬 10 级应该很轻松吧。再爬 10 级，这时回头再看，你会发现此时的风景和所处第 1 级时看到的风景已经截然不同。

再爬 10 级，再爬 10 级，到了第 40 级时，你会发现向上看到的风景也不一样了。这时你会感到精神一振："看来终点就在前方了！"

回头望望来时的路，还会生出成就感："爬得好高啊，已经爬到一半了。"于是你备受鼓舞，一鼓作气爬完了剩下的石阶，到达终点。

喜欢爬山的人都有过这样的体验。只要开始往上爬，哪怕 10 分钟，看到的景色也会和山脚处的风景截然不同，我们称为"开阔眼界"。开阔眼界后，迷失方向的概率就会降低，自然就能找到通往终点的最佳路线。

然而绝大部分人一步都没有踏出，只在第 1 级就选择转身放弃。

先爬 10 级再做决定也不迟，而且反倒容易做出正确的判断。

为何不边爬边思考呢？生活中也是同样的道理，遇到困难时，想得多不如先动起来。

看过了不同的风景，视野变得开阔，思路变得灵活，问题也就迎刃而解了。

3／远离极端思维

"零分思维"和"满分思维"

"不会用中立思维看问题"其实就是"极端思维"。

一个典型的例子就是"零分和满分",也叫作"二元对立思维",是一种非无即有、非是即非、非对即错、非善即恶、非黑即白的二元选择思维方式。这是一种认为任何事只有成功或失败、满分或零分两种结果,没有中间过渡地带的极端思维方式。

比如,医生对精神患者说:"病情好转了也要继续吃药。"

患者问:"要吃一辈子药吗?"

"停药"还是"吃一辈子药",这就是一种二选一的极端思维。但其实这中间还有很多其他选择,比如"只有病情严重的时候吃药""先停药,如果病情复发再吃药",等等。

于是,原本因"身体不适"而烦恼的患者,又陷入了对"10年后也要继续吃药吗"这一问题的纠结中。忧心10年后的事情,只是徒增烦恼。

习惯用二元对立的思维方式做选择,答案只能是一个极端,或另一个极端,这会使人逐渐丧失掌控感,变得心力交瘁。

这也是易患精神疾病人群的一大特点。

跳出二元思维，拥抱多彩世界

"不敢和喜欢的人表白怎么办？"

比如，你喜欢上了一位同事，犹豫要不要表白。如果你用二元对立思维考虑问题，在"表白"和"不表白"两个选项中纠结的话，就会放大表白失败的后果，"被拒绝了会很尴尬""Ta 的态度如果变冷淡，自己会很受伤"，最终决定不表白。

如果换一种思维呢？首先考虑一下表白的目的是什么？

"我想知道 Ta 觉得我怎么样，对我有没有好感。如果对方有意思的话我要和 Ta 交往。"

问题就变成了"确认 Ta 对我有没有好感"，只有答案是肯定的情况下，才会大大降低表白失败的概率，避免受到打击和伤害。

- ▶ 出差时单独给 Ta 带份伴手礼
- ▶ 买给 Ta 的礼物要比给其他同事的价格贵，体现 Ta 在你心中的特殊

通过"非语言表达"的方式来暗示"我喜欢你"，试探对方的态度。如果 Ta 很开心地收下了礼物则表明你们之间有可能；如果 Ta 面露难色，则表明你们交往的概率很低。

第 4 章　改变看法，让自己更快乐（转换视角 1）

或者，你可以邀请 Ta 一起吃饭："附近新开了一家意大利餐厅，去试试吗？"如果对方接受了你一对一的邀请，那么你们之间有可能；如果对方以"我朋友可以一起去吗""最近有点忙"等说辞推托闪躲，那么 Ta 可能对你没有意思。

邀请别人吃饭是很常见的事情，即使被拒绝了也不会觉得尴尬，自然就不会受伤害。

像这样的表白小技巧还有很多，只要摆脱零分思维和满分思维，不在"表白"和"不表白"两个极端选项之间苦苦纠结，通过迂回的间接方式来表达自己的好感，试探对方的态度，就可以避免表白失败产生的尴尬。

跳出二元思维，便可打开思路，豁然开朗。

3 添加"一般"选项，你会更轻松

我们都是平凡的大多数

读到这里，一定还有人坚持非黑即白的观念。

下面我列举了一些常见的烦恼。

问卷调查："你擅长在人前讲话吗？"

结果显示，选择"擅长"的占 17.8%，选择"不擅长"的占

82.2%。

六个月后，我又问了同一个问题，但是选项改成了"擅长""一般""不擅长"。

结果显示，选择"擅长"的占9.4%，选择"不擅长"的占67.1%，选择"一般"的占23.5%。

只是增加了"一般"选项，选择"不擅长"的人就减少了大约15%。

"擅长或不擅长"是二元对立思维。思维较消极的人往往会直接选择"不擅长"，但增加了新选项后，15%的人重新做了选择："也不是不擅长，一般吧。"改为三选一后，回答"擅长"的人减少了8.4%，减少了一半。也就是说，真正擅长在人前讲话的人，十个人中都没有一个。所以即使你不擅长在人前讲话，也完全不需要悲观。

"我在人前不会讲话，太笨了。"

不！90%以上的人都不擅长在人前讲话。好口才是一项高级技能，不擅长说话的你只是多数（91%）中的一分子，因此没有必要勉强自己成为会说话的人。

仅一项调查数据可能缺少说服力和可信度，因此我又发布了另一项调查。

"你的自我肯定感高吗？"

结果显示，选择"高"的占26.2%，选择"低"的占73.8%。

第 4 章 改变看法，让自己更快乐（转换视角 1）

擅长 17.8%

不擅长 82.2%

总投票数906

添加"一般"选项

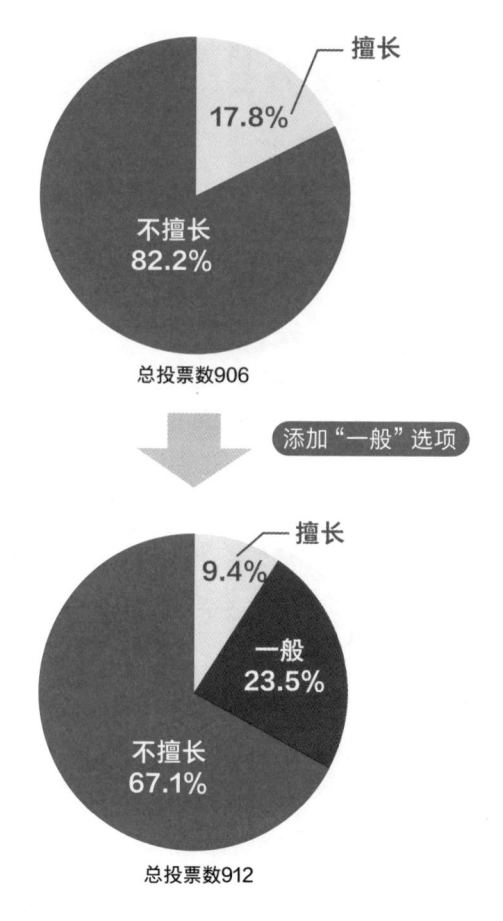

擅长 9.4%

一般 23.5%

不擅长 67.1%

总投票数912

图 4.7 你擅长在人前讲话吗?

同样是六个月后，我又发布了同一个问题，我把选项改成了"高""一般""低"。

结果显示，选择"高"的占 13.8%，选择"低"的占 58.4%，选择"一般"的占 27.8%。

高
26.2%

低
73.8%

总投票数1355

增加"一般"选项

高
13.8%

一般
27.8%

低
58.4%

自我肯定感高的人约占七分之一

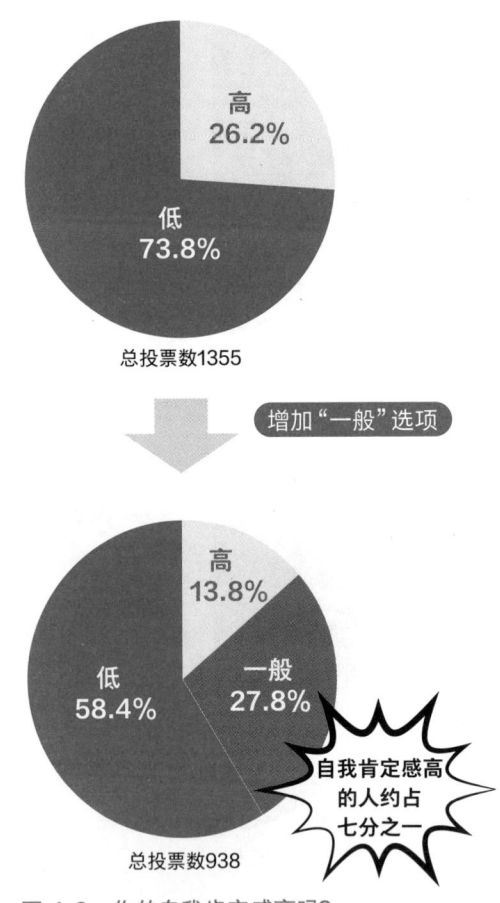

总投票数938

图 4.8　你的自我肯定感高吗?

增加了"一般"选项后，认为自己自我肯定感低的人就减少了 15.4%。同时，选择"高"的人从 26.2% 减少到 13.8%，也减少了大约一半，竟然和"是否擅长在人前说话"的调查结果如此相似。

有些人因为自我肯定感低而痛苦、沮丧、自责。但是认为自己自我肯定感高的人七人中只有一个。七分之六的人都认为自己的自我肯定感不高，这类人是大多数。

自我肯定感低是很正常的。你只是多数人（86%）中的一个，因此无须为此而自卑。

纠正"认知偏差"，接纳"一般"

忘掉"好或坏"的二元选择，重置为"好""一般""坏"的三元选择。

忘掉"喜或恶"的二元选择，重置为"喜欢""一般""厌恶"的三元选择。

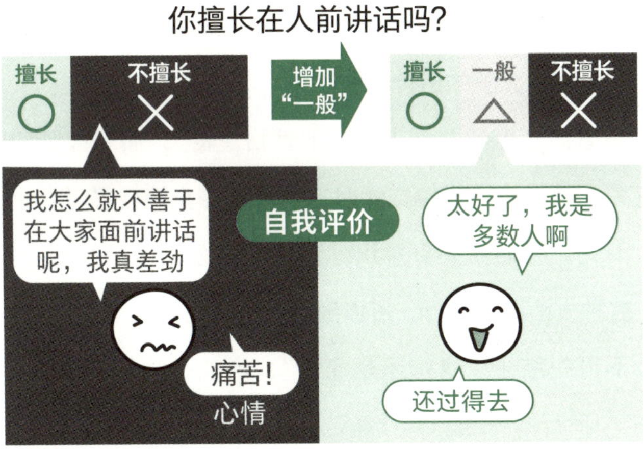

图 4.9 增加"一般"选项，改变自我评价

忘掉"零分或满分"的二元选择，允许自己得65分。

仅仅是转变一下思维，你就会轻松很多。

"负面偏差"属于认知偏差的一种。

相比积极，人们更关注消极方面。

- ▶ 相比优点，更关注自己的缺点
- ▶ 相比工作中进展顺利的部分，更关注不顺利的部分
- ▶ 相比赞美的话，更容易记住批评的话
- ▶ 相比正面新闻，更关注负面新闻

这些都是"负面偏差"的表现。

在"自我肯定感高还是低"的二元选项中选择"低"是一种认知偏差，跟大脑的运行机制有关。

习惯消极思考并不表示你的性格"丧"，而和大脑的运行机制有关。就算想要戒掉二元对立思维、停止消极思考，也很难做到。因此，我们需要有意识地做"三元选择"，增加"一般"选项。这种方法简单易行，可以随时随地运用于实践中。

不再纠结于"快乐还是痛苦"，增加一项第三选择（"还过得去""还行""一般"），"痛苦"就会变成"还过得去"。这样一来，你就能简单地消灭烦恼的三大特征之一——痛苦。

第 4 章　改变看法，让自己更快乐（转换视角 1）

别担心，你是大多数

"我怎么有这么多缺点，为什么只有我这么惨？"

大部分日本人都讨厌远离均值。"一般"和"普通"让人踏实、有安全感。一旦偏离均值，就易引起焦虑。

请你放心，你就是普通人。

例如，不善言辞的人常常苦恼，"我要是能像别人一样在众人面前侃侃而谈该有多好"。但是，正如前面的调查所示，十个人中只有一个人认为自己擅长讲话，剩下的九人都不善言辞。

不善言辞很正常，这类人属于大多数。那么，你为什么还要为此而烦恼呢？ 你是普通人，是大多数。所以没必要苦恼。

图 4.10　你是普通人

人人都会自卑

虽然大家都一样普通,但大部分人却常常感到自卑、为自卑苦恼。

为证实这种情况,我在网络上发布了十个问题。

"你是 I 人还是 E 人?"80% 的人选择了"I 人"。也就是说,I 人是普通的大多数,E 人是特别的少数。

"你会因为职场人际关系而烦恼吗?"67.2% 的人回答"因人际关系而烦恼"。这也就是说,三人中就有两个人正在为人际关系问题而苦恼。

如果你处在一个人际关系复杂的职场中,可能会抱怨"我为什么要在这种破公司上班""我怎么这么倒霉",但其实三分之二的人职场人际关系都不是很和谐。也就是说,人际关系紧张的职场环境是一般情况,是大多数。

大家都有相同的烦恼

"被诊断为注意缺陷与多动障碍(ADHD),我好难过。"

这是"桦频道"粉丝投稿中较为常见的问题之一。当得知自己或自己的孩子被诊断出 ADHD 时,任谁都会心里一颤,想不到自己也会得这个病。我非常理解那种失望和难过。

那么,你知道有多少人患有 ADHD 吗?

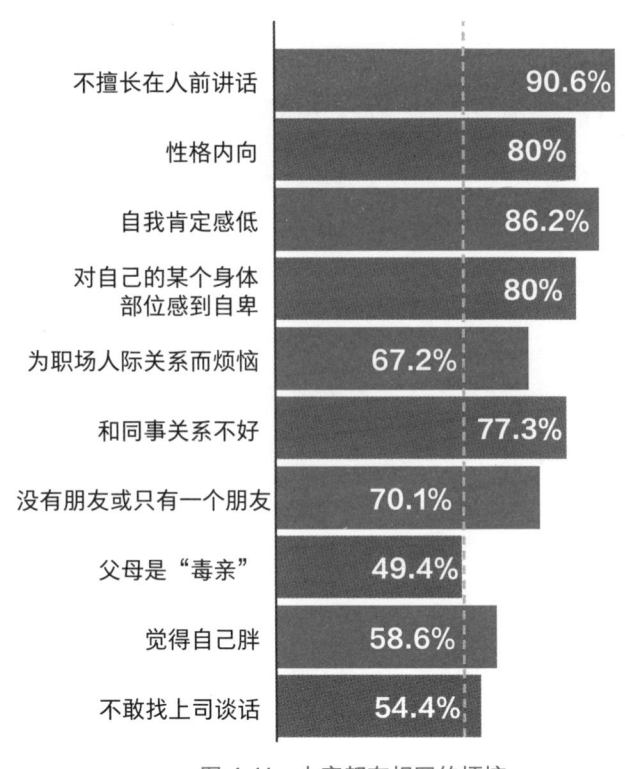

烦恼	比例
不擅长在人前讲话	90.6%
性格内向	80%
自我肯定感低	86.2%
对自己的某个身体部位感到自卑	80%
为职场人际关系而烦恼	67.2%
和同事关系不好	77.3%
没有朋友或只有一个朋友	70.1%
父母是"毒亲"	49.4%
觉得自己胖	58.6%
不敢找上司谈话	54.4%

图 4.11 大家都有相同的烦恼

最近有研究表明，6% ~ 10% 的日本儿童被诊断患有 ADHD。美国的一项研究称，20 岁之前接受精神科治疗并被诊断为 ADHD 的人占 10%。也就是说，十个人中就有一个人患有 ADHD。此外，还有一些人处于"ADHD 灰色地带"，虽然没有严重到发病的地步，但他们也在遭受着精神痛苦。

我们推测处在 ADHD 灰色地带的人和 ADHD 患者数量相当，五个人中就有一个人患病或处于灰色地带。因此，即使自己有几项符合自测表里的症状，也无须惊慌。

ADHD 的行为特性既有负面作用也有正面作用，很多名人都公开表示自己有 ADHD，它并不会毁掉你的人生。

烦恼的根源是你自己

我们总会为了一点小事整天烦得不行，负面情绪挥之不去。但是我想告诉大家的是，从调查数据来看，认为"只有自己这么惨""只有自己不幸"的想法显然是错误的。

极少有人能意识到，世上的大多数人都有着和自己相同的烦恼。虽然你是多数派，但你总认为自己是少数派里没用的人，认为"只有自己这么差"，从而悲观、自责、自我贬低，在精神上折磨自己，自己制造负面情绪，把烦恼无限放大。

烦恼的根源来自你自己。我相信大部分的烦恼都可以被消除。

明白自己是普通人，是大多数。

为了解大家都有什么烦恼，我统计了网络上的 20 多项调查结果，数据量在 1000 左右，但调查对象人数大多在 500 人以下，样本量较少。

数据告诉我们，**不只你一个人有烦恼，也不是只有你自己是不幸的**。其实，你就是一个普通人。所以，请不要责怪自己。如果你能真正理解"大家都有同样的烦恼"，那么你的大部分负面情绪就能得到平复。

第 5 章

不要兀自烦恼（转换视角 2）

1 透过别人的视角看问题

烦恼一周仍旧无果的问题，就随它去吧

如果只从自己的视角——通过自己的经验、体验和想法来考虑问题，"答案"和"选项"的范围就会变得狭窄。就算想要改变一直以来的想法和观点，一时半刻也很难做到。

话虽如此，我们可以借用别人的头脑，经验和知识来解决问题。请专家给出建议，困扰你很久的烦恼也许瞬间就能被消除。

如果你已经因为一件事烦恼了一周，却仍然毫无头绪，再执着下去也是徒劳。即使再花一周时间动用自己所有的知识和经验，也很难想出好办法。这时，你已经陷入了狭窄的视野中，甚至乱了阵脚。

问题真的无法解决吗？其实不然。

经验丰富的人（职场前辈或领导）和专家会站在更高的角度看问题，我们只要借用他们的视角就可以。但是很少有人能做到。因为视野狭窄的人思路受限，会忘记求助别人，不记得可以上网搜索。借用别人的视角就是求助别人。这个道理虽然简单，但真正做到并不容易。

请教专家

"怎么才能提高三分球的命中率呢?"

高中生小 H 是学校篮球队的一名替补队员。他擅长传球和运球,但三分球能力弱,因此不能上场打比赛。小 H 连续一个月,每天都留下来练习三分球,相关的篮球教程也看了个遍。但是,无论如何也提高不了命中率。

"怎么办呢?一点进步都没有。"

首先,小 H 不应该独自练习和独自烦恼。连续一个月加练都没有进步,一定是训练方法出了问题。接下来要做的应该是求助教练。

"投篮时,虽然你的下肢保持不动,但是上半身还是运球的姿势,不稳定。另外,你的头也在微微晃动,所以距离篮筐的距离也在变。"

小 H 意识到教练所说的姿势问题后,成功投出了漂亮的三分球。

很多时候,独自一人苦苦思索一周甚至一个月也无解的问题,在向专家寻求意见后,往往就能瞬间得到解决。

独自一人固执挣扎不是"美德",而是在"浪费时间"。

2 扮演别人

"怀尔德会怎么做？"

据说编剧三谷幸喜先生在剧本创作中遇到瓶颈时，便会想："如果是怀尔德导演（比利·怀尔德，曾执导《桃色公寓》《七年之痒》等电影，是三谷幸喜最喜欢的电影导演），他这时会怎么办？"

"怀尔德导演肯定不会这样写，而是那样写。"

"怀尔德导演会写这样的台词吧？"

正因为三谷把自己当作怀尔德思考，才能写出有趣的剧本。

另外，你知道吗，其实怀尔德的办公室里挂着一块写有"刘别谦会怎么做？（How would Lubitsch do it？）"的装饰牌。恩斯特·刘别谦也是一位著名导演，对怀尔德有着极大的影响。看来三谷幸喜先生模仿自己偶像的行为也是跟怀尔德导演学来的。

这就是善于借用别人的视角，站在别人的角度看问题，即"扮演别人"。而且，仅凭想象就能做到。请扮演你所仰慕的人吧。假如你正在为某一经营决策而犹豫不决，就想一想"坂本龙马[①] 会怎么做"。以坂本龙马超强的行动力，想必会立刻行动。

---

① 日本明治维新时代的维新志士，为近代日本的启程立下丰功伟绩。

> 扮演别人，助你打破困局：
>
> "○○会怎么做？"
>
> "（你尊敬的人）会怎么做？"
>
> "怀尔德会怎么做？"
>
> "坂本龙马会怎么做？"

"角色互换游戏"——有效转换视角

"工作失误被科长狠狠骂了一顿，气死我了！"

被训斥或被严厉批评的时候，人们往往会慌乱失控。即使你努力想要保持冷静，也很难抑制满腔怒火。

这时不妨站在领导的角度看问题。

如果你是科长，当下属犯了和你同样的错误时，你会怎么处理？不会严厉批评吗？能冷静理智地和下属说话吗？扮演成科长，演绎一下你们之间可能出现的对话吧。

让我们以第81页提到的"交货期的失误"为例：

科长："虽说客户听错了交货日期，可是交货日期要书面告知,这不是规定吗?"

我:"是的。只是这次对方催得急,要求'马上告知交货日期',所以我当时就给商品管理部打了电话,并通知了客户。"

科长:"但是打完电话也要给客户发书面通知吧?"

我:"我忘记发了,是我的失误。"

科长:"有邮件之类的沟通记录吗?"

我:"有的,邮件发了。8月3日发的邮件里写着'交货日期是9月15日'。"

科长:"这可以作为证据。但是邮件的话,对方不一定会看。后来没有再联系对方吗?"

我:"因为发过邮件了,所以我以为对方已经知晓。"

科长:"那怎么行!必须要反复确认,确保万无一失。如果日期和时间弄错了,会造成很大的麻烦,一定要书面和口头都通知到客户,避免出现差错。"

站在领导和管理者的角度,设想与自己对话。这样一来,因为被情绪冲昏头脑而看不清的事态就会变得清晰起来。而且,通过角色扮演游戏,你可以明确**反馈意见(改进点)**,有助于避免再犯同样的错误。

小学和初中时,父母和老师经常教育我们:"要站在别人的角度考虑问题!"这句话说起来简单,但真要实践起来,很多人都无从下手。

将自己的角色定位为科长："如果我是科长的话会怎么做，会怎么说？"像编写电影剧本一样写下"角色互换对话"，来帮助自己换个角度看问题。

站在对方的视角看问题，编写角色互换剧本，帮你轻松实现视角转换。

如何应对"容易紧张"

"在开会或做报告时总是紧张到说不出话。"

"一在众人面前发言就紧张"，这也是一个常见的烦恼。经常有人问我："您对着很多人演讲时不紧张吗？"我一点都不紧张。一次，我曾在15000人（最多）面前做过90分钟的演讲，也没有紧张。接下来谈谈我在演讲时的心境和应对紧张的方法。

首先，我会观察会场里每一位听众的状态。他们听讲的态度如何，是在做笔记？在认真听？还是丝毫不感兴趣？有没有走神？对哪部分更感兴趣？眼神有没有变化？

此外，我会注意与听众进行眼神交流。与所有听众逐一对视，会给他们一种"演讲者在讲给我听"的感觉。

以上动作都是在演讲过程中进行的。一边演讲，一边关注听对方眼里的我是什么样的？

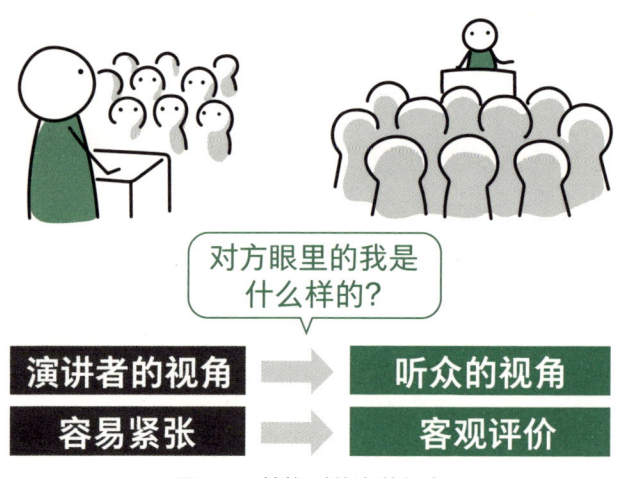

演讲者的视角 ➡ 听众的视角
容易紧张 ➡ 客观评价

图 5.1 转换到他人的视角

众，也就无暇顾及紧张了。

在众人面前说话紧张，是因为把注意力全部放在了自己身上。如果将注意力从自身转向面前的每一个人，就会轻松很多。而且，在讲话时关注到所有听众并不是一件易事，因此需要集中注意力。你也就没工夫紧张了。

换句话说，当我在台上演讲时，注意力是"附着"在每一位听众身上的。通过观察听众的神态和眼神来洞察他们的感受，比如"有意思""感兴趣""无聊""没劲"等等。这也是一种视角转换、扮演别人的技巧。

如果你能做到这点，和听众融为一体，一边讲，一边站在对方的立场听讲，就能把控演讲节奏，使演讲过程变得有趣，

第 5 章　不要兀自烦恼（转换视角 2）

发挥出最高水平。

拙劣的演讲者只站在自己的角度讲话，不理会听众的反应。即使现场的听众一脸呆滞、无动于衷，也只会照着稿子读。事后只关心自己："我讲得好吗？""哎呀，说错了。""哎呀，好紧张啊！"由此陷入越来越紧张的泥潭之中。

不要观察自己，要去观察对方。这就是当众讲话的秘诀，也是一种沟通的技巧。

话虽如此，真正要扮演他人，站在对方的角度看问题并非易事。这时我们可以问问自己：**"在对方眼里，现在的我是什么样子？"**

把注意力放到一位观众身上，这样你就能从观众席的角度审视自己。

"哎呀，弯腰驼背了。"

"哎呀，语速有点儿快了。"

"老是盯着表看，不太大方。"

发现问题后便逐一修正，就可以轻松做到自我审视。

如何读懂领导的想法

"猜不到领导在想什么。"
"不理解领导的做法。"

如果你想消除烦恼，可以试试去读书。

首先锁定范围，然后阅读专门的几页，几分钟就能找到烦恼的原因和解决方法。相反，因为某个烦恼郁闷好几个月，纯属浪费时间和精力。

为什么读书有助于消除烦恼呢？那是因为在书中，我们可以"偷窥别人的脑子"。**人际交往中产生矛盾，是因为不知道对方在想什么。只要了解了对方的想法，就能有针对性地解决问题。**这点我们可以通过读书来明白。

例如，你的领导或管理者是如何思考的？他们重视什么？他们是如何下达指示的？作为普通职员，我们想几个小时也不一定能想明白。如果你没有管理的经验，就很难解决问题。

这时，如果读一读《主管不说但你一定要懂的50件事》（滨田秀彦著，实务教育出版）的话，你就能理解领导和管理者的思维方式。

请看下面的例子。

第 5 章　不要兀自烦恼（转换视角 2）

"'菠菜'法则（'报告''联络''相谈'）很重要，但是如果出了问题再报告，领导就会批评我'说晚了'。但如果我事无巨细、逐一报告，领导又会嫌烦。到底应该什么时候报告呢？"

明明是按照领导的指示去做事，为什么他还是不满意呢？那是因为你们双方的关注点存在偏差。

下属对领导的指示产生了理解偏差，领导所说的"你要这样做"与你理解的"这样做"并不一致。下级不懂上级的意图是造成职场人际关系紧张的原因之一。

也许，你每天都在痛苦地试错和摸索："应该这样做吧？"这种时候，不如看看书里总结的经验：

1. 即时主动地汇报工作

2. 报告事实

3. 用第一人称报告

4. 实事求是地报告

5. 尽早报告坏消息

6. 报告工作的过程

7. 汇报要点

8. 先说结论

……

——摘自《主管不说但你一定要懂的 50 件事》

没有人能"完全熟用"以上原则汇报。大部分人会按照自己的方式报告，或是拖延汇报坏消息，也有的人从没想过要用第一人称汇报工作。

领导想让你做什么？希望你做什么？即使你本人很难和领导产生共鸣，看看书也能懂个大概。虽然书里写的未必都正确，但增大阅读量后，你就会逐渐形成一套自己的思维方式，也能形成一套适合自己的工作方针。

3 用未来的视角看问题

1／现在做不到也没关系

"领导有意派我出国工作，但是我对自己的英语没有信心，所以准备拒绝。"

I 先生的领导想安排他半年后去纽约分公司工作。虽然这是一次很好的晋升机会，但责任很大，尤其对对口语没有自信的 I 先生来说更是压力剧增。他再三考虑之后回绝了领导实在可惜。

即使你的英语口语不好，还没达到商务水平，但距离赴任还有半年，努力练习是很有效果的。每天学 3 个小时的英语，短期内也会有很大的进步。

以现在的视角来看,"自身实力"达不到"去纽约分公司工作"的程度,这也许是事实。但距离调动还有半年,你只要在这段时间内努力提高自己就可以了,让半年后的自身实力达到"去纽约分公司工作"的水平。

"现在的自己做不到"没关系,"之后能做到"就足够了。

你要做的就是在半年的时间里努力提升自我,缩小差距,以及相信半年后的自己。

笑到最后才是赢家

"以现在的成绩来看,我考不上目标院校。"

大部分人都会基于"现在的实力""现在的自己能不能做到"来决定将来的事。但是,人是在不断成长的。学习、锻炼,只要努力就可以一点点地进步。

下面谈谈我的经验。

高三时,我的班主任曾找我谈话:"以你现在的成绩,不可能考上札幌医科大学。"在我的高中,要想考上札幌医科大学,年级排名需要在前 20 名。而我每次都在 50 名左右,所以从数据上来看,班主任的判断是正确的。

不过，对班主任的话，我不以为然："无论如何我都要考札幌医科大学。"因为我的老家在札幌，这所学校又是我喜欢的作家渡边淳一的母校，所以我一定要考上札幌医科大学。

遗憾的是，虽然我通过自己的方式付出了努力，但最终还是没考上心仪的大学。面对失败，我反思道："我不能还像以前一样。现在开始做什么才能在一年后考上札幌医科大学？"

以当时的实力，我预测每天须保持 10 小时以上的学习时间。

于是，我定下了"一天学习 10 小时"的目标。从那天开始，我发愤图强，每天都去补习班学习。在那一年里，我坚持每天学习 10 ~ 12 个小时，一天也没有懈怠过。

札幌医科大学的第二次考试结束，在交完答题纸的一瞬间，我长舒了一口气："这次能考上了吧？"

那次考试的数学题很难，英语阅读的篇幅也很长，虽然差点没做完，但是我都答了上去。现在想起来，我很想表扬当时的自己，对那个坚持了一年的 19 岁少年说："你真棒！"

为什么我最终能做到？因为我相信一年后，我的学习能力会提高，我能想象到弥补分差后考上札幌医科大学的自己，并为达到这一目标制定了"一天学习 10 小时以上"的计划。

现在来看，其实是因为我站在了一年后的视角看问题。

即使现在的自己做不到，但只要一年后能做到，一切都 OK。相信未来的自己，笑到最后才是赢家。

第 5 章　不要兀自烦恼（转换视角 2）

第 2 章讲到"把目光放在当下"，但如果只从现在的视角看问题，你只能对所有机遇说"No"。你需要的是着眼未来和当下，全力以赴。

没人知道未来什么样，但我们可以抓住"未来的视角"和"现在的行动"这两个因素。

"现在的行动"的积累决定了你的未来（未来的视角 × 现在的行动＝未来）。这样来看，未来也是可控的。

30 分钟也能获得成长

在动作片和战斗漫画中，总有逆袭的情节。在和宿敌的最后一场决斗中，战斗伊始，主人公与对手的实力差距悬殊。但是，就算被连续攻击，还是会使出新招。最终，用一招连自己都想不到的绝杀打败对手。

这种战斗场景一般会画好几页，真实情况下也就 30 分钟左右。

即使只有 30 分钟，只要你集中注意力，开动脑筋，不断摸索，就一定能有所成长。

这点在脑科学中也得到了证实：人在精神高度集中的状态下压力会变大，导致去甲肾上腺素分泌增加，为了缓解压力，又会分泌大量多巴胺，而这两种物质可以有效提升记忆力。简单来说，在这一过程中，大脑的回路发生了变化。与 30 分钟前相比，大脑成长了。

只要锻炼大脑和身体，你就一定会有所成长，即使现在的自己做不到，30分钟后也能做到。

很多孩子刚学骑自行车时会摔倒好几次，把膝盖擦伤是常有的事，但30分钟后就可以骑得很好了。

"现在的自己做不到"没关系。昨天做不到的事情，今天做到了，这就是成长。

所谓相信将来的自己，其实是相信会成长的将来的自己。

想要成长，就需要行动起来，需要努力和锻炼。如果你什么都不做，只是糊里糊涂地混日子，大脑和身体就会退化和衰老。

2／与时间做朋友

静静等待

很多患者都曾这样抱怨过："看了一个月的病还不见好转，药也没效果，这里的医生不行，去别的医院看看吧。"

抑郁症患者通常需要服用抗抑郁药，但药物一般3个月后才能见效。初诊时，医生会对患者说明此情况。"看了一个月，症状却丝毫不见好转"是大多数情况，"一个月就明显好转了"这样的情况确实很少见。

抗抑郁药的治愈率是60%～70%，如果遵循医生的指导服用三个月，三分之二的患者都会痊愈。实际情况却是，平均一半的患者会选择中途放弃治疗。

心浮气躁、无法耐心等待，往往会使情况变得更糟。

比如，很多人都经历过失恋的痛苦。刚失恋时会情绪低落，这是人之常情。但这份痛苦终会随着时间的流逝而消逝。

但是，很多人在失恋后反反复复，总感到悲伤、愤怒、不甘心，无数遍地在心里骂道："竟然把我甩了，太过分了！""这个浑蛋竟然出轨！""世界上最差的男人！"……以此不断强化记忆。最终，原本失恋造成的心灵创伤明明两到三个月就可以痊愈，却因为过多的情绪输出和胡思乱想，一两年也无法走出失恋的阴影。

时间与沉默是治愈心灵创伤的良药。什么也不做，停下来，静下来，待心灵的伤痛自行消散。时间可以解决一切烦恼。

以不变应万变

不仅是精神科，内科和皮肤科的医生也经常对患者说"先观察观察吧"。听到医生这么说，患者通常会失望，认为这位医生不负责任。

而医生所说"先观察"的意思是（即使不开药也会自然痊愈）先看看再说吧。如果病情恶化，患者会抱怨，因此只有对自己的诊断有自信的医生才会这么说。能够断言"先观察观察吧"反而是名医的标志。

除了病患，还有很多人不擅长观望和等待。焦虑不安时，人会分泌去甲肾上腺素，在其作用下，我们会做出一些行动。什么都不做反而会使人更加不安。因此，必须通过有所行动来安抚情绪。

去医院看病时相信医生的诊断，在工作中相信自己的判断。

相信同事、下属的工作，会帮助你更好地观望。

例如，公司计划在一年内做成某个大项目。但过了半年，还是没有取得预期的成果。在这种情况下，是更换项目成员，还是相信现在的成员继续合作呢？

除非极特殊情况，在只剩下半年的情况下，是没有时间更换团队成员、从零开始跟新成员交接工作和培训的。这时你需要适当采取补救措施，但更重要的是，相信团队成员，果断决定"先观望"。

时间是一个"好朋友"，可以帮我们化解很多烦恼。但前提是做好该做的事情。心浮气躁、变来变去，一般情况下是无益于解决问题的。

相信未来的自己会不断成长，相信未来的自己和伙伴，相信时间，然后静静等待。"先观察"也是解决问题的一个好办法。

拉长时间线

"母亲去世后,我的心里就像被掏空了一样,什么都不想做。"

"一起生活了 10 多年的宠物死了,我怎么也走不出来。"

"无法从重要的人或宠物死亡的痛苦中走出来"也是常见的一个烦恼。这个烦恼往往会对人造成巨大的心理创伤,不是一两个月就能恢复的。死亡会给人留下无法释怀的伤痛。

但是几年后,我们最终都会接受至亲至爱已不在的现实。拉长时间线,减轻自己的烦恼。

时间可以消除一切烦恼的理由

1. 梳理事件……冷静思考的时间

2. 整理情绪……调整好情绪的时间

3. 缓冲期……走出低谷的时间

4. 忘记……记忆随着时间流逝而变淡

> "时间可以解决很多问题。今天的烦恼也一定会得以解决的。"
>
> ——戴尔·卡耐基

我们需要多久才能走出创伤

一般来说,从接纳亲人去世这一现实到走出伤痛需要多长时间呢?

有一项研究以 205 名失去家人的人为对象,追踪了他们的心理状态。研究结果显示,"在家人死后的 6 个月和 18 个月后,被调查者会出现强烈的抑郁症状,但在 18 个月以后,患者不再表现出抑郁状态"。

人类接受亲人去世需要 18 个月,也就是 1 年半的时间。治愈心灵的创伤是需要时间的,但基本不会超过 2~3 年。

有人常常自责:"半年了,我还是接受不了。"但是,如果知道失去亲人半年后容易出现抑郁症状的研究结果,他就能获得安慰:"这很正常。"不仅针对失去家人或宠物的情况,这项调查结果同样适用于遭遇其他重大创伤的情况。

有些烦恼虽然不能被立刻消除,但是随着时间的推移,烦恼会自然消失。

如果急于解决，反复哭诉，反而可能会强化记忆，起到反作用。时间的推移会使我们逐渐接受现实。勿急勿躁，学会拉长时间线看问题，很多问题也就迎刃而解了。

3／相信未来的伙伴

"领导想让我负责一个大项目，可我做不了。"

领导想让 J 先生负责一个 10 亿日元（约人民币 5000 万元）、周期一年的大项目。J 先生虽然有几次项目经验，但接手这么大规模的项目还是第一次。

"我完全没有信心。如果项目失败了，给公司造成损失，我无法承担后果。"

从自己当前的实力出发，也许确实有些力不从心，这是很现实的判断。但是这个项目将实施一年，只要项目结束时，你的实力足以顺利完成任务就可以了。为什么不能相信未来的自己呢？

而且，你不是在单打独斗。作为项目负责人，你的职责是领导团队、加强团队协作能力，发掘队员的潜力。虽然自己的能力不够，但可以借助伙伴的力量。只要凝聚起团队的力量，再困难的项目也有可能成功。

站在未来的角度看问题，不仅相信未来的自己会获得成长，还要相信未来的伙伴会获得成长。哪怕一个人做不到，与团队齐心协力也能成功。

在《鬼灭之刃》《咒术回战》《海贼王》等经典少年漫画作品中，作者都表现了"信任"这一主题。但为什么在现实生活中，你却无法相信自己的伙伴呢？这对你的伙伴太不公平了。

让你获得未来视角的问题

用未来的视角看问题。相信未来的自己。

即使你的内心想要相信未来的自己，但如果你的自我肯定感很低，可能也很难做到。

这时，你需要问自己一个问题："为了（期间）之后达成（目标），现在应该做什么？"

"为了一年后去美国留学，现在应该做什么？"

"为了一年后完成新项目，现在应该做什么？"

"为了通过一周后的期末考试，现在应该做什么？"

"二十年后退休，为了保证退休后的生活水平，现在应该做什么？"

第 5 章 不要兀自烦恼（转换视角 2）

时间要具体，比如一年、半年、三个月、一周……

"以现在的成绩怎么可能考上 Z 大学呢？怎么办？怎么办？"这就是陷入烦恼的状态，停滞不前、无所适从、倍感压力。这时，请问自己一句："为了半年后考上 Z 大学，现在应该做什么？"

- ▶ 每天坚持学习十小时
- ▶ 首先攻克不擅长的数学
- ▶ 先把近三年的真题做一遍
- ▶ 先做五页习题
- ▶ 一天背十个英语单词

你会想到很多能做的事情。

问自己这样一个问题，你就会发现要做的事情有很多。接下来，你只需按部就班地一件件完成即可。

一年时间学好英语——我的留学经历

"我想出国留学,但英语不好,没有信心。"

39 岁时,我去美国伊利诺伊大学的芝加哥分校留学了 3 年,去之前有一年的准备时间。

我的英语不好,英语会话更是差劲,于是我问自己:

"一年后要去美国留学,为提高英语能力,我现在应该怎么做?"

回答是:"每天学习 3 个小时英语。"

于是,我每周上两次英语口语培训课,跟外教一对一学习。此外,每天练习 3 个小时英语听力。吃饭、走路、坐车时,只要有空闲时间,我就让自己沉浸在英语环境中。

一年下来,我坚持做了 1000 个小时的听力训练,听力突飞猛进。练习超过 600 个小时后,我的英语听力能力提到了显著提高,这让我很吃惊。

那么,去留学时又如何呢?

在工作场合,包括每周与副教授的研究会议、实验报告研讨会等,我的口语出乎意料的流畅!至少,我从没有因为听不懂而发愁过。"每天学习 3 个小时的英语,并坚持一年",是我拥有超强底气的来源。

其实早在决定去留学的前几年,我就一直有这个想法,所以也在一点点地学习。但只有真正作出决定后，火烧眉毛了才会拼尽全力，这也是大部分人的意识。

不因畏难而轻易放弃。站在未来的角度，相信以后的自己。站在未来的角度看现在，明确当下的任务（TO DO），把握当下。

现在做不到也没关系，只要最后做到了就行，只要最后能补齐短板、迎头赶上就行。

我能做什么，我要做什么？你可以 100% 地控制自己的行动。即使现在的自己还有所不足，也完全可以通过自身的努力（学习、求助他人、开动脑筋等各种方法）来提升自己。

站在未来的角度看现在，把握当下。当你养成了习惯，每天都能感受到自我的成长。

第6章

说出来，使烦恼消失（语言化1）

1 语言化的好处

"把话憋在心里"最容易产生压力

把心中的不畅说出来,心情才会变得舒畅。相反,因为不能对别人说、不能求助别人,把话憋在心里会带来巨大的压力。

伊索寓言《长驴耳朵的国王》便通俗易懂地说明了这个道理。

从前有一个国王,他整天戴着一顶大帽子。这是为什么呀?原来是因为国王长了一对驴耳朵,而知道这个秘密的只有国王的御用理发师。国王不许理发师说出这个秘密,所以他一直将秘密藏在心里,没有告诉任何人。但同时,他也因此痛苦不堪,急迫地想要一吐为快。

有一天,精神濒临崩溃的理发师对着井口大声喊:"国王有一对驴耳朵!"声音顺着井口传遍了整座城。

不能说、不愿说,把事情憋在心里,就会产生巨大的压力。反之,把心事倾诉给别人,或者只是对着井口大声喊出来,心情就会好很多。**只要说出来,压力就会消失。**

语言化使烦恼可视化

"语言化"经常出现在心理咨询领域。

如果能把幼年时期受过的心理创伤用语言表达出来,话说出

图 6.1 语言化使"无意识"变成"有意识"

的瞬间，你会感觉得到了解脱。

精神压抑过于严重的情况下是无法用语言表达痛苦经历的。相反，能表达出来的事情才意味着你已经解开了内心的枷锁。

心理咨询的任务之一便是帮助来访者将烦恼"语言化"。用语言表达出来后，"无意识"就会变成"有意识"。

人的思考，95% 都是无意识的。同样，消极思维、消极情绪也是无意识产生的。因此，如果想要消除自己的消极想法，首先要有意识地去觉察，否则便毫无意义。

"语言化"就像打捞海底的沉船一样，把船拉到海面上，也就是使船到达你能意识到的地方，从而有利于进一步的调查。"语言化"可以使抽象模糊的信息变得客观具体，更易于解决问题。

有患者曾对我说,"不知道自己为什么而痛苦",如果他能将自己的烦恼外化成语言,这将是飞跃性的进步。这样一来,他就能意识到"不在众人面前说出来就不会痛苦",或是会有意识地去慢慢克服出现在他人面前的紧张感。

"语言化"使模糊的烦恼变得清晰具体,便于我们客观分析,进而找出解决方法的话,也就水到渠成了。

2 边写边说,使大脑变轻松

烦恼的死循环

人在烦恼时,大脑一片混乱,就会陷入"越想越烦恼"的死循环。

"啊,怎么办呀?""为什么会这样?""怎么办才好?"

一个烦恼总是在脑海中频繁闪现,挥之不去。为什么会出现这种情况呢?因为大脑的工作区域其实很小。

人类大脑最多只能同时处理三件事。为了便于理解,可以想象成大脑里有三个"托盘"。

在处理完一个托盘里的信息后,大脑才能腾出空间来处理下一个新信息(想法)。这样的大脑工作区域被称为"工作记忆"。

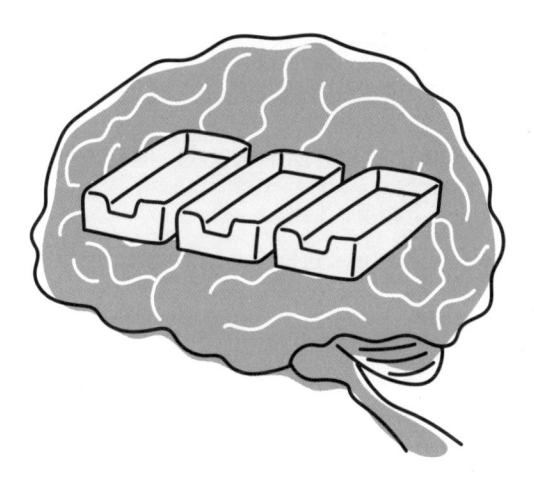

图 6.2　大脑的工作区域很小，只能容纳三个托盘

例如，你询问朋友的联系方式，对方告诉你一串电话号码：070-5931-××××。

这时你能记下这串数字，并将其输进你的手机通讯录里。

但当你询问一串 16 位信用卡号码时：5378-6911-7329-××××。很多人无法一次性记住，需要再次向对方确认。你能看出其中的区别吗？

大脑会以"信息块"为单位储存数字信息。我们用连字符来划分信息块，电话号码是三个信息块，信用卡号是四个信息块。而只是增加了一个信息块（4个数字），人类大脑就无法一次性地记住，是因为它只有三个托盘。

换句话说，脑容量爆炸了。

脑疲劳导致托盘数量减少

据说聪明的人,准确地说是"工作记忆强的人"和"头脑转得快的人",他们的大脑里有四个信息块。但是,身陷烦恼时,人类大脑却出现了完全相反的情况。

焦虑、紧张、脑疲劳会导致工作记忆减退。

如果整天都感到难受、痛苦、郁郁寡欢,就容易引起脑疲劳,大脑的托盘数就会减少。这样一来,大脑就会像蒙了一团雾一样,陷入思维停滞的状态。

"为什么这么痛苦?"→"因为工作太忙了。"→"为什么工作这么忙?"→"因为三个订单的交货期赶在了一起。"→"那怎么办?"→"呃……"

深陷烦恼时,你的工作记忆已经满载。如果只靠脑子解决烦

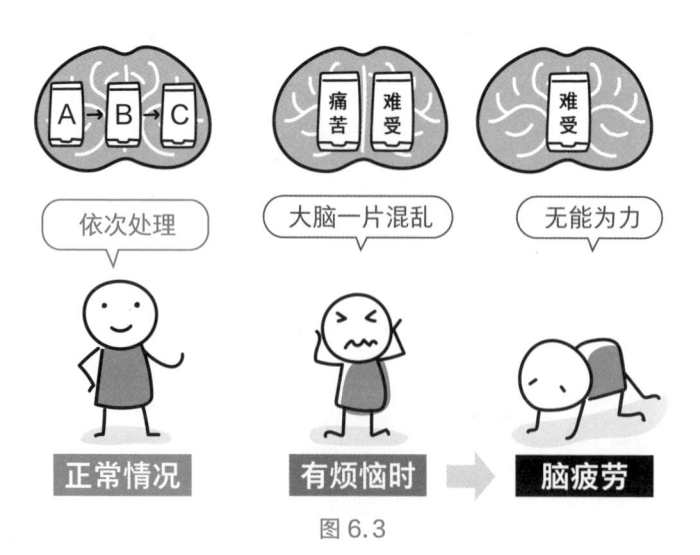

图 6.3

恼，大脑会停止运转和思考。于是，你又回到循环的开端，从头开始烦恼："为什么这么痛苦？"这就形成了死循环。

而陷入死循环、停滞不前也是一个烦恼。这就是烦恼的三大特征中的第三个：停滞不前、思维迟钝。

大脑的工作区域极其狭小是出现这个特征的一个原因。如果只用脑子思考，任何人都会陷入死循环，从而想不出办法。相反，如果能摆脱死循环的状态，就相当于消除了绝大部分的烦恼。

别再用大脑烦恼！手脑并用！

那么，怎样摆脱死循环呢？解决方法就是"语言化"。

```
"为什么痛苦？" → "因为工作太忙了。"
"为什么工作忙？"
→ "因为三个订单的交货期赶在了一起。"
"那怎么办？"
"哪个时间最早？" → "A公司的是2周后。"
"哪个时间最晚？" → "C公司的是2个月后。"
"那就优先处理A公司的订单。"
"为什么A公司的订单迟迟没有进展？"
"原因？"
"高桥先生那边的进度有点慢。他的任务比较重。"
"应对方法？"
"让经验丰富的伊藤先生辅助高桥先生。"
```

图6.4 把烦恼写下来

把烦恼写在本子上,边写边想,有助于冷静分析,快速找到解决办法。

因为我们的大脑里只有三个托盘,所以同时兼顾三项任务时,任何人都会因顾此失彼而慌乱。就像用三段论推理时,在推到第三段之前,工作记忆就已经被占满了,所以仅靠大脑思考是很难得出结论的。

无法靠自己克服烦恼、障碍或困难,不是因为你的能力差,而是由人脑结构决定的。像"写下来"和"说出来"这样的语言化行为会减轻大脑的负荷,大脑也就能腾出足够的空间,客观理智地分析更重要的问题。

图 6.5　哪种方式对思考来说更有效?

"外化"使人心情舒畅

在认知科学领域有一个词叫"外化",指用文章、图形等形式将呈现在头脑中的想法表达出来。"外化"有很多好处,比如帮助我们客观看待问题、与别人分享、利于保存(不会忘记),等等。

就像你的硬盘容量只剩下几兆,那么无论电脑的性能多么强大,运行速度都会变得超级慢,无法工作。这时,我们只要把数据转出去(如移动硬盘),就可以增加电脑的存储空间,电脑的运行速度就会恢复正常。而这一过程发生在大脑中就是"外化"。

大多情况下,我们都在过度用脑,脑容量明明已经接近饱和却不知给大脑释放空间。

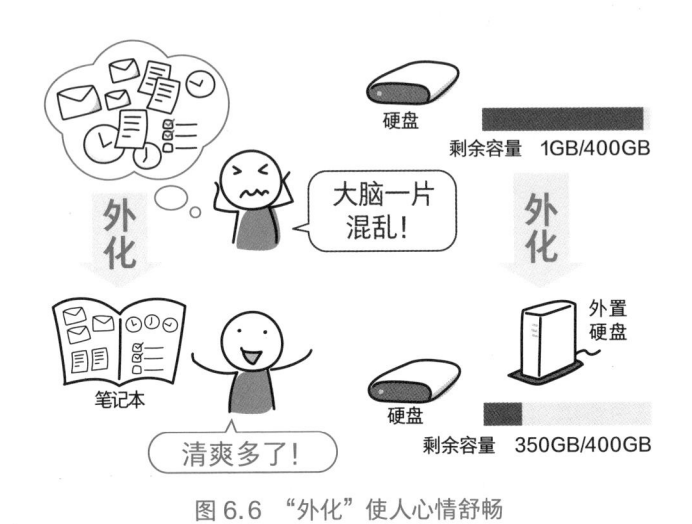

图 6.6 "外化"使人心情舒畅

列待办事项（TO DO）、任务列表是"外化"，把计划写在日程本上是"外化"，抓住一闪而过的灵感记下来也是"外化"。

大脑越"外化"才越轻松，我们的心情也就变得越舒畅！

语言化的好处

1. **将烦恼可视化**

   可视化、可处理、客观地审视自我。

2. **整理思路**

   冷静分析、独自解决、摆脱迷茫与困惑。

3. **外化**

   盘点、减轻大脑负担、解放工作记忆。

4. **透透气**

   放松心情、缓解压力。

5. **与他人分享和交流**

   在交流和共鸣中治愈自己。

6. **行动化**

   语言化促进行动化，行动随语言而变化。

语言化与输出

读到这里，敏锐的读者会发觉："语言化"和"输出"很相似。那么，语言化与输出的不同点是什么呢？

第6章 说出来，使烦恼消失（语言化1）

在之前的作品中，我将"输出"归结为"说""写""行动"三种。

"语言化"指的就是通过"说"和"写"，把自己的所思所想转变成语言表达出来。也就是说，**"语言化"是"输出"的一个方面**。

本书将"输出"分为"语言化"（第6~7章）和"行动化"（第8章）两部分，"语言化"推进"行动化"。从"语言化"进阶到"行动化"的过程很关键。对此，在阅读以下章节时你可以稍加留意。

"输出"是一个综合且宽泛的概念，虽然很好用，但也存在模糊笼统的问题。本书将采用通俗易懂、简单易行的方式进行解说，将"输出"分为"语言化"和"行动化"两个阶段，帮助读者更好地理解和使用。

另外，"语言化"中的"化"是一个动词，词义的重点在于转化成语言，用语言表达出来。也就是说，**输出为语言的过程非常重要**。

但是，不是说随意说点儿什么或写点儿什么都行，而是把自己心中的烦恼、痛苦、郁闷变成语言表达出来，由此才能消除烦恼，获得治愈。

再遇到烦恼时，可以试试将烦恼用语言表达出来。"语言化"可以消除九成的烦恼，实现自我治愈。

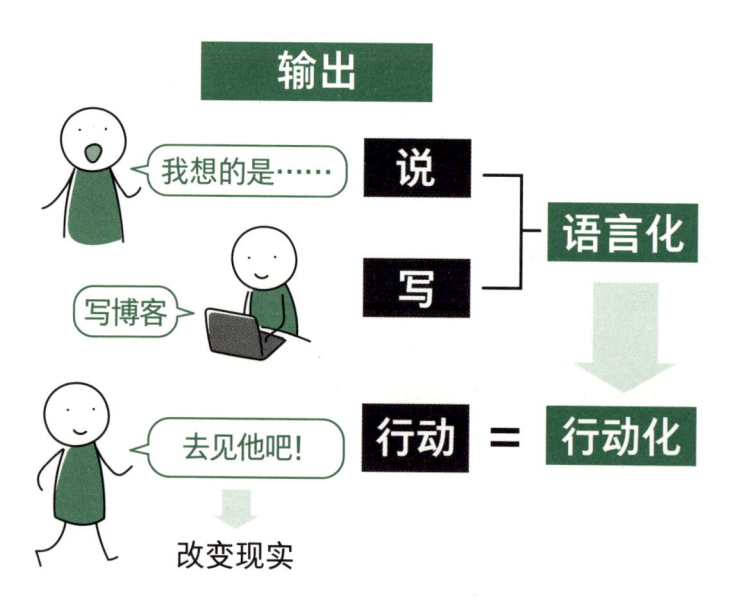

图 6.7 输出和语言化的区别

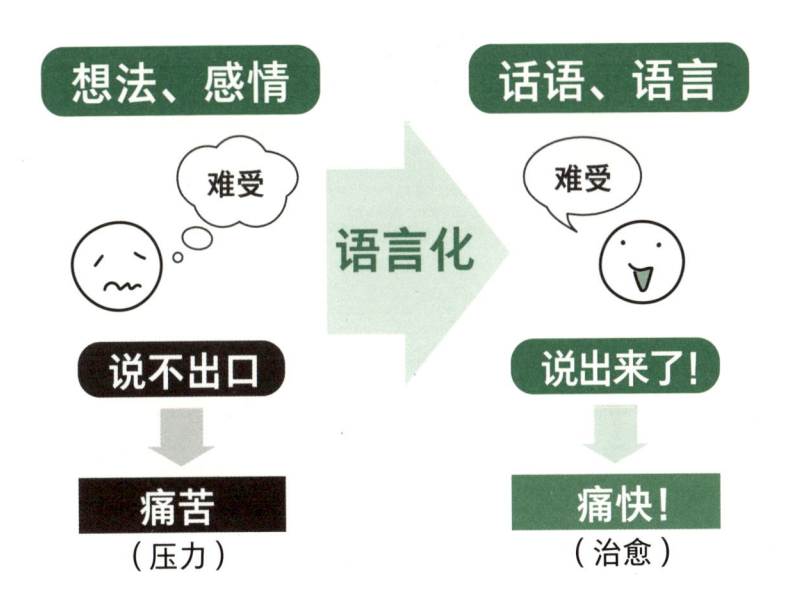

第 6 章 说出来，使烦恼消失（语言化 1）

图 6.8 什么是语言化？

3 共鸣使人变轻松

从共鸣中收获安心

这是一位第一次来精神科就诊的患者。他不停地对我说:"我很难受,你一定要帮帮我。"

"哪里难受?"

"就是很难受!"

"具体是哪里难受?"

"就是很难受啊!我怎么知道哪里难受?!"

真正痛苦的人一味地抱怨痛苦或难受,却说不出哪里难受和

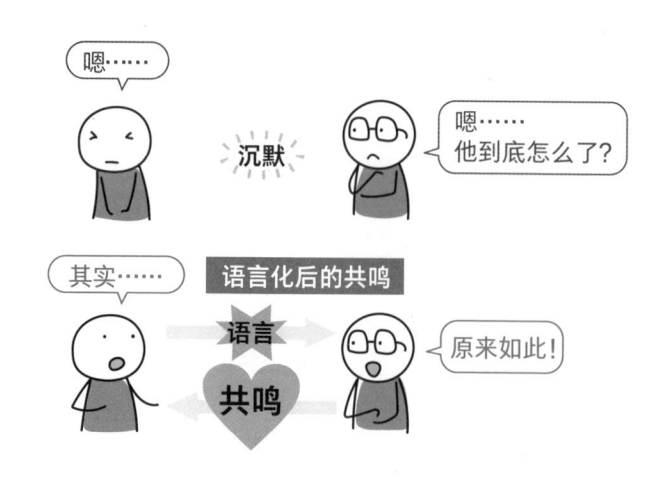

图 6.9 在语言化中得到共鸣

第6章 说出来,使烦恼消失(语言化1)

为什么难受。患者无法描述自己的症状(不能语言化),医生就难以诊治。

于是这位精神科医生对患者展开了连环发问:"最近睡得好吗?""有食欲吗?""会感到焦虑吗?""工作忙吗?""与同事关系如何?"

面对这些简单的问题,患者回答"是"或"不是",医生才能逐渐明晰患者之所以"难受"的原因。

通过向患者提出问题,引导患者一步步地将烦恼语言化,医生便可以逐渐增加了解,直至全面掌握患者的病情。

一个人无法了解另一个人的想法。**只有通过语言化(输出),将内心的想法外化,才能与别人分享自己的想法。**

当患者与医生分享了内心不知缘起的痛苦后,医生就会生出共鸣:"你的确经历了巨大的痛苦。"一旦得到别人的共鸣和同情,患者也会安心一些。

无法语言化就像说不清道不明的状态。

这时候的人往往急躁焦虑,倍感压力。最麻烦的状态是身处痛苦而不知所以,自己说不明白,医生也不能对症下药。

相反,沟通交流会产生很多"线索"。线索越多越有利于"破案",直至揪出给你带来痛苦的"凶手"。对精神疾病患者来说,"语言化"便于医生快速准确地做出诊断,对症下药。"语言化"帮助我们快速找到解决方法,尽早改善问题。

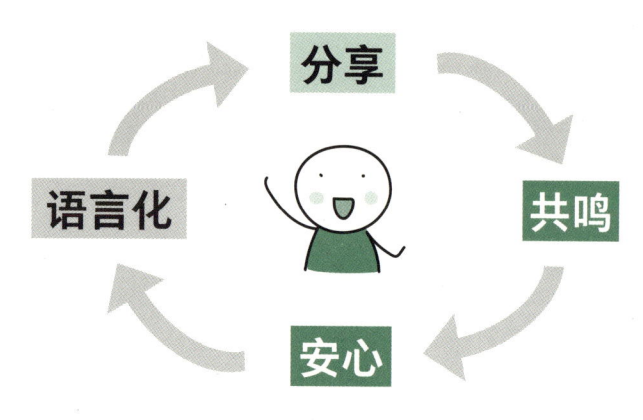

图 6.10　语言化引发正向连锁反应

图 6.11　无法语言化时

语言化能排毒？！

"和公婆住在一起太痛苦了。婆婆控制欲太强，怎么做才能改变她？"

34 岁的家庭主妇 M 女士婚后和婆婆住在一起，精神上饱受折磨，来医院时有轻微抑郁的症状。她像有满腹苦水，抱怨婆婆就像使唤小学生一样，整天指使她做事……滔滔不绝地讲了近一个小时。最后她说："婆婆随意操纵我，实在受不了了，老公也不理解我！"我对她表示同情："真是难为你了。"

进诊室时，M 女士愁容满面，我本以为她可能有点抑郁，然而面诊结束后，M 女士整个人焕然一新，像排尽了体内的毒素一样，面带笑容地走出了诊室。

虽然婆婆的性格、态度、行为没有任何改变，但 M 女士的不安和烦恼却消散了，这是为什么呢？据 M 女士说，她因为"婆婆控制欲太强"而烦心，但那并不是她真正的烦恼。

"和婆婆住在一起太压抑了，没有倾诉对象，没人理解我，只能自己默默忍受，痛苦不堪。"这才是 M 女士真正的烦恼。

改变婆婆的性格＝改变别人。想要改变婆婆 60 年的习惯是不可能的，可控率为 0。这个烦恼也就会成为无解之题，只能是自己徒增烦恼。

但如果烦恼是"因为没人可倾诉而感到痛苦",你只要把心中的苦恼向别人讲出来,烦恼就会消失。这个烦恼的可控率变成了100%。

遇事没人倾诉和商量,只能自己默默承受,更没人理解自己为何痛苦……当你缺少与外界的连接、处境"孤独"时,就会倍感痛苦。

语言化,即把烦恼讲出来,就像把体内的胀气排出去一样,身心就会变得通畅,这也是语言化最大的效果。

其实,大多的痛苦和烦恼都来自"心事无处倾诉"和"委屈没人能理解"。

从脑科学的角度看语言化的治愈力

为什么"得到共鸣就会安心"呢?烦恼也会被慢慢消除吗?

和亲友在咖啡馆闲聊一个小时后,我们会变得快乐。因为在这个过程中,人会分泌"爱情荷尔蒙"催产素。

催产素也叫"幸福激素",人与人交流时分泌的催产素会让人产生愉悦、幸福、治愈的感觉。如妈妈抱宝宝、恋人互相拥抱等肢体接触都会促进大脑分泌催产素。另外,最近的研究显示,人与人对话、眼神交流也会产生催产素。

人在感受到别人与自己心灵相通时,或者说获得别人的共鸣时,就会分泌催产素,产生幸福感。

催产素（"幸福激素"）的主要作用

1. 缓解压力

降低压力荷尔蒙——皮质醇的水平。

2. 放松心情

激活副交感神经系统，降低血压和心率。

3. 改善焦虑

杏仁核受到刺激，向身体发出警报时，催产素可以抑制杏仁核的过度活跃，消除不安。

4. 抗抑郁

增加催产素的分泌可以预防抑郁症。有抑郁倾向的人往往催产素分泌不足。

5. 保护大脑免受压力的伤害

人在高强度压力下，过量分泌的皮质醇会损伤海马体，而催产素可以抑制皮质醇的分泌，因此可以保护大脑免受压力造成的伤害。

催产素还有增强免疫力、促进细胞修复、保持身体健康等作用，可以缓解压力（已被大量研究所证实）、放松身心、消除不安，具有超强的治愈能力，被称为"幸福激素"，当属实至名归。

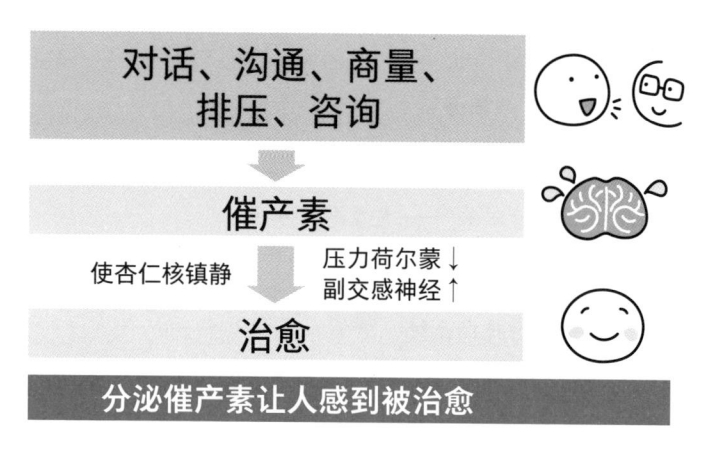

```
对话、沟通、商量、
排压、咨询
        ↓
     催产素
使杏仁核镇静    压力荷尔蒙↓
              副交感神经↑
        ↓
      治愈

分泌催产素让人感到被治愈
```

图 6.12　催产素有益于身体健康

催产素的分泌与共鸣

催产素，并不是跟任何人随便聊聊天就能产生的，它的分泌要满足一定的条件。

如果对方是自己极其讨厌的人，那么和他聊半个小时也不会感到快乐，反而会更加紧张和疲惫。

催产素是一种"爱情荷尔蒙"，只有当你感受到被爱，处在一个能信赖、有安全感的人际关系中时，大脑才会分泌大量催产素。

因此，与敌对的人交谈是不会分泌催产素的，反而会促进如皮质醇（压力激素）、肾上腺素（引起愤怒）、去甲肾上腺素（引起不安）等"战斗荷尔蒙"的分泌，进一步加剧你的负面情绪。

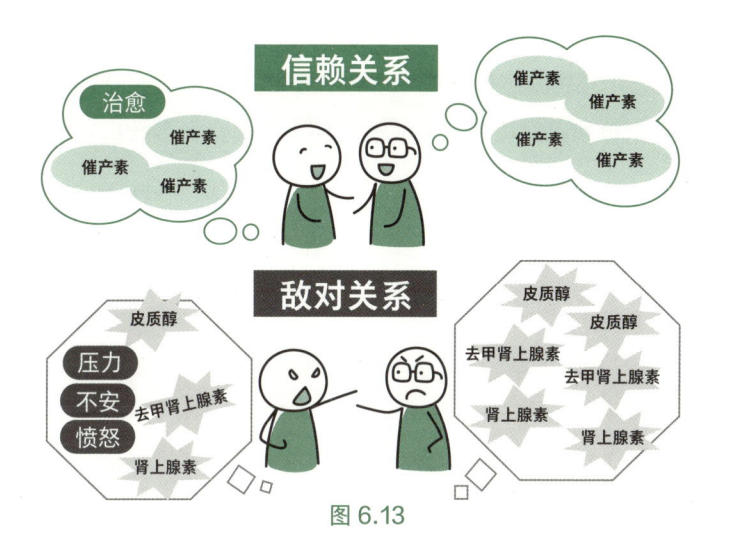

第 6 章　说出来，使烦恼消失（语言化 1）

图 6.13

为婆媳矛盾而烦恼的 M 女士，如果对我抱有怀疑与不信任，咨询过程中她就不会分泌催产素，也就不会重焕笑颜。

求助者越是信任咨询师，咨询效果就越好。

共鸣是治愈心灵的良药。当有人倾听你、理解你、与你产生共鸣时，你的大脑就会分泌大量催产素。

终于找到了同类人！

电影《火箭人》讲述了埃尔顿·约翰这位音乐传奇人物半生的故事。电影开头，吸毒者集体戒毒的场景令我印象深刻。

戒毒戒酒互助会就可以证明：向别人倾诉自己的烦恼，从而获得情感共鸣可以减轻痛苦。

在活动中，参加者围坐在一起，轮流讲述自己的经历和当下的烦恼，不想说的人可以选择跳过。

我也曾劝说过患者加入戒酒互助会，但绝大多数患者都不以为然，认为参加那些组织也是无济于事。于是我会进一步劝他："何不先去参观参观再做决定呢？"结果，去到互助会后，患者的态度发生了巨大的转变。

"嗜酒成瘾使我的肝脏、胰脏严重受损，还丢了工作和家人，还有谁像我这么倒霉吗？"

你本以为没有人能理解的痛苦，当你向其他人倾诉后，却感到轻松了很多。

依存症患者和精神疾病患者有一个共同点，就是经常自责。他们总觉得"只有自己得这种鬼病""我是世界上最倒霉的人"，从而更加消沉。

"原来不只是我，有人跟我有着相同的疾病、痛苦和经历。"

当你意识到并不是只有自己不幸后，之前的不安就能转为安心，长久以来的痛苦也就能消减甚至消失了。

加入互助会治疗精神疾病就是这个道理。当你鼓足勇气讲出自己的经历，就会从其他参与者那里得到共鸣和理解，这时你就会意识到，并不是只有自己是不幸的，继而得到安慰。

把烦恼说出来，你会获得共鸣，得到治愈。

互助组织、团体治疗等方法其实就是通过"语言化的治愈机制"来实现治疗目标的。

第 6 章　说出来，使烦恼消失（语言化 1）

女子会的治愈效果

很多人认为团体治疗什么的跟自己一点儿关系没有，其实并非如此。日本的女子会便是一种和团体治疗有着异曲同工效果的活动。

"我家 6 个月大的宝宝总是夜里哭闹，我也睡不好觉，感觉快撑不住了。"

"我家宝宝 9 个月大了，老公一点儿忙不帮，全靠我一个人带娃，累死了。"

"我家孩子之前也总是夜里哭闹，1 岁多的时候就好了，再忍忍吧。"

聚会上，姐妹之间互相发发牢骚诉诉苦，相互给予安慰，会使人感到放松，这便是通过倾诉烦恼获得共鸣。参加女子会释放压力也是通过将烦恼说出来，获得别人的理解和共鸣，也就是"语言化的治愈机制"发挥作用的结果。

第7章

鼓起勇气说出烦恼（语言化2）

1 求助他人，使人变轻松

70% 的人不会求助

"不会求助他人。"

虽然我们常说遇到问题要找人商量，请别人帮忙，但实际上，很多人不愿意或羞于开口求助。

我在网络上发起了一项调查："遇到困难时，你会找人帮忙？"

结果显示，28.8% 的网友选择"会（马上）求助别人"，而约 70% 的人选择"不（经常）求助别人"和"二者都不"。约 30%

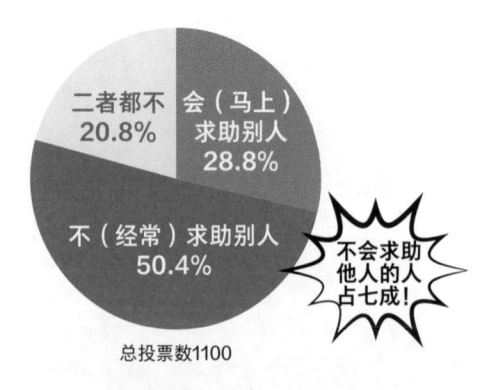

```
二者都不         会（马上）
20.8%           求助别人
                28.8%

      不（经常）求助别人
          50.4%        不会求助
                       他人的人
                       占七成！

     总投票数1100
```

图 7.1 遇到困难时，你会找人帮忙吗?

的人遇到困难会主动求助他人，快速解决问题。约70%的人不会求助别人，独自纠结痛苦，压力也会越来越大。

你是哪种人呢？

求助他人，即借用别人的视角，这与你的能力高低没有关系。相反，越是能力低、不能自己消除烦恼的人，越应该借助别人的力量。

专业的问题交给专业的人来解决

> "我有抑郁症，吃了3天抗抑郁药物，感到恶心想吐，不知道是不是副作用，但我不想去问主治医生。"

类似这样的问题，我每天都会收到，对此，我的回答只有一个："去问你的主治医生。"

这个答复听起来可能有些冷漠，但求助自己的主治医生一定是最好的方法。把症状跟医生说明后，医生就能诊断。虽然医生不一定总能给出明确的结论，但无论如何，求助经验丰富的医生一定比自己胡乱猜测靠谱得多。

"A药的副作用大吗？"对于这个问题，医生只能说有副作用，但药效因人而异，只有自己找医生看诊后才能得到准确的结论。因此，主治医生的建议才是最重要的。

在这种情况下，明明只需询问医生就能快速、高效地解决困惑，有些人却宁愿把问题憋在心里，好几周兀自焦虑，对解决问题毫无益处。

我在网络直播时也说到过这个问题。对此，很多网友评论"医生太忙了，我不好意思问""医生太可怕了，我不敢问"……

治病救人是医生的本职工作。**如果你整天胡思乱想，担心病情和药效、担心能否康复，还不愿意咨询你的主治医生，又如何能治愈呢？**

对医生来说，你的困惑和问题是做出准确判断的依据。虽然医生应该以患者为中心，给予其关怀和温情，但如果你不幸遇到了一位冷漠的医生，也要勇敢地求助。不要将疑惑憋在心里，错过治愈的最佳时机。话说回来，有问题而不找主治医生，由此延误病情的患者也不在少数。

类似的现象每天都在重复发生，我将其称为**"求助无能综合征"**，这与患者胆小或医生缺少亲和力都没有关系。出现这种症状，并不是患者或医生某一方的错，任何人都有可能面对。

第 7 章　鼓起勇气说出烦恼（语言化 2）

打工人常患的"求助无能综合征"

"遇到问题不敢问领导。"

"求助无能综合征"不仅发生在患者身上，打工人也是这一症状的高发群体。

"工作中遇到了××问题怎么办？"

"不知道如何处理下属的××问题。"

这些时候，你应该找领导沟通。领导的职责之一就是帮助下属解决问题。

首先，你需要让领导知道你在工作中存在的问题。哪怕最后问题没得到解决，及时汇报总不会有错的。同时，汇报工作很重要。否则，如果之后出了问题，领导会把责任追究到你的身上。

记得我在直播时谈到这一话题，网友也会评论"领导总是很忙，我找不到机会和他沟通""之前遇到问题去找领导，结果领导说'这种问题自己解决'，从那以后就不敢再问领导了"……

但大多数情况下，找领导求助能帮助我们快速解决问题。

"（这个问题）手册上有。"

"你去问程序员小 B 吧，他知道怎么解决。"

"我了解了，（这个问题）就先这样吧。"

"那个客户就是事儿多，不用理他。"

找领导求助，能快速解决工作中的困惑；找医生求助，能快速解决身体上的不适。

对于困扰自己很久的问题，我们要做的是去问问经验丰富的领导、前辈、专家，获得有效建议。

然而，如果你以"不敢问""不想问"为由逃避问题，就是在浪费时间，会给自己带来"被领导批评""在公司内评价变差"等负面影响。

"自我表露"的勇气

为什么不敢找人求助？"求助无能综合征"的原因是什么？

求助他人是一种"自我表露"过程。

"自我表露"是一个心理学概念，即向别人展示真实的自我，

图 7.2　自我表露法则

第 7 章　鼓起勇气说出烦恼（语言化 2）

真实地向对方展示或倾诉自己的优点、缺点、烦恼、不好的经历，等等。害怕暴露真实的自己是一种正常的心理。

"被否定了怎么办？"

"被批评了怎么办？"

"不被接受怎么办？"

生活中，每个人或多或少都会"伪装"，因此即使受到一点批评也能接受。但是一旦真实的自己遭到了否定，你就会受到很大的打击。

自我表露就像把自己最重要的秘密告诉别人一样。但所有人都不想说出自己的秘密。因此，这个过程需要勇气。

你鼓起勇气，把从未跟任何人说的秘密讲出来以后，就像排出了心里的闷气，心情就会变得舒畅。接受心理咨询后的咨询者露出轻快的神色，也是自我表露的治愈效果。

把烦恼憋在心里会让你产生巨大的压力。相反，向别人倾诉自己的烦恼便能够获得理解和共鸣，有效治愈自我。首先，请尝试勇敢地展示自我。

自我表露的互惠性

不要随便向人展示自我，如果对方与你没那么亲密，则很难产生共鸣，相反还会引起对方的反感："我（跟他又没那么熟）为

随着自我表露的增多，双方会越来越亲密

图 7.3 自我表露的互惠性

什么要听他说这么沉重的事情。"这是你最不想得到的结果。

心理学上有"自我表露的互惠性"这一概念。当别人向自己表露自我时，自己也想回报相应的表露。

自我表露的交换能够增进双方的关系，进一步加深自我表露的程度。人通过自我表露逐渐打开心扉，而接收到别人的表露后，自己也会做出相应的回应，从而打开心扉。随着双方的关系越来越亲密，一段相互治愈的关系便形成了。

但要注意的是，一定要根据对方敞开心扉的程度相应地再做出回应，否则就没有效果。如果你贸然地向刚认识的人倾诉自己的不幸经历："我小时候受过虐待"，对方可能会觉得不舒服："好想赶快远离这个人"。

因此，我们必须选择自己亲密的、信任的人来倾诉烦恼。

第 7 章　鼓起勇气说出烦恼（语言化 2）

当你在实践中屡次受挫就会慢慢认识到这点，于是产生防备心，总担心"我跟这个人的关系一般，跟他讲这么沉重的话题会被讨厌的"。**于是，我们给自己提高了求助的难度，这便是有口难开的一个原因。**

最终，烦恼仍然被憋在心里，独自承受痛苦，压力和负面情绪倍增，陷入恶性循环，形成了"70% 的人遇到问题不愿找人求助"的局面。

拥有求助他人的勇气

岸见一郎和古贺史健的畅销书《被讨厌的勇气》以简单易懂的方式解读了阿德勒的心理学。

在与别人沟通前，你并不知道对方是否愿意听。别人的想法、感情、行动是由别人决定的，你无法控制。你可以选择主动搭话，但对方的感受只有对方知道。如果你想拉近与对方的关系，只有"被讨厌的勇气"还不够，还必须主动行动起来。主动搭话，主动敞开心扉，主动信任对方。这是书中令我感触最深的地方，也是书名所传达的意思。

在这里，"被讨厌的勇气"或许可以换成"求助他人的勇气"来理解。

假设你正在为某事而烦恼，犹豫着要不要找小 L 谈一谈。

"小 L 会不会烦我？""小 L 能理解我吗？""被否定和拒绝

的话怎么办？"

你无法控制小 L 的想法和感情，不找他谈，也就不会知道他的反应。你能决定的是"是否与小 L 谈一谈"。

那么，你只需找小 L 谈谈就可以了。虽然搭话需要勇气，但当你主动敞开心扉，自我表露时，对方也很有可能对你打开心扉。

不要去纠结对方"是否愿意接纳你"，只有自己先表露自我，对方才可能向你打开心扉，与你更加亲密，并愿意接受你，聆听你的烦恼。相反，如果你不求助小 L，那么你们的关系永远都不会更进一步。

即使现在的自己不被对方所接受，将来的自己却可能被接受。你要相信将来的自己，这样便会生出"求助他人的勇气"，这也是消除烦恼的一大关键。

就算对方表现得厌烦或是拒绝了你也没关系，如果对方拒绝与你交流，你就当没找他谈过。

请相信将来的自己和将来的对方，即使对方忽略你，你的烦恼也不会更严重。从"消除烦恼"的角度来看，于你也不会有任何损失。

自我表露的人更受人喜欢

大家都会担心"表露自我后会不会被人讨厌"，但其实一般情况下是不会被讨厌的。不仅如此，你可能会更受对方喜欢，这也是在心理学上被证实过的。

自我表露的深度会随着你与对方关系的加深而发展。也就是说，对方自我表露的程度越深，他认为你和他的关系越亲密。

当别人向自己倾诉很隐私的话题时，我们一般会认为："他既然愿意跟我分享这么隐私的事情，一定把我当作很重要的朋友。"

"不想活了，想找医生咨询，又担心被医生拒绝。"

这是我在网络上多次收到的问题。其实大部分"不想活了"的人都在犹豫"要不要找医生咨询"。

这么说可能不太合适，但其实精神科医生在听到患者说这种话时，心里是高兴的。因为他们认为"对方愿意跟我说这么严重的问题，一定很信任自己"。

类似的还有"小时候经常被父母虐待"。如果对方对你缺少信任，是不会跟你讲这种事的。因此，患者愿意主动吐露内心，说明医患之间关系亲密、双方的信任度很高，是一种好现象。

工作上也一样。当下属向自己谈起工作上的烦恼时，领导通**常会感到高兴**。相反，如果你从没找领导谈过自己的问题却突然提出辞职，领导会难以接受："为什么不早点儿找我谈谈呢？"同时也会给他带来伤害。

如果你在工作中遇到了很大的问题，想找领导商量，而他以

"我很忙，这种事不要来找我"为由打发你，在我看来，这种人是不配做领导的。因此，你也没必要为这种事沮丧和内耗。意识到"我的浑蛋领导一点儿都不懂得下属的心态"后，再向别人寻求帮助即可。

总有人在关心你

有次看诊时，我建议患者："你可以找别人讲讲自己的困难。"他回答："我找不到能讲这些事情的人。"

几天后，患者的妻子陪他一起来看诊。患者的妻子是个温柔善良的人，两人也很相爱。但即使至爱相伴左右，患者却依然感到孤立无援。

另一位患者看诊时不停地抱怨公司和领导："上班太压抑，我快被领导逼疯了！"过后，这位患者的领导联系我说"想了解员工的病情"，我在征得患者同意后与其领导见了面。

我以为对方是多么心狠手辣的角色，结果这位领导出乎意料的和善。在我看来，他专程到医院来了解员工的病情本身就很难得。在患者看来，他的领导却"无法被求助""无法被信任"。

通常，艺人自杀离世的消息曝光后，其好友往往十分悲痛："他从没有跟我表露过自杀的念头。"

往往珍惜你，关心你，默默支持你的人，其实就在身边。这点，毋庸置疑。

第 7 章　鼓起勇气说出烦恼（语言化 2）

语言化的勇气能把你从悬崖边拉回来

人在陷入绝境时视野会受限，从而感到悲观绝望，这是人的通病。

"这世上没有人支持我。"

"我有满肚子委屈，却找不到人倾诉。"

其实，我们每个人的身边并不乏担心自己、愿意倾听的人，有的人却总感到孤独。显然，这是一种认知偏差。人在身处绝境时，会只执着于自己的痛苦，看不到身边的美好，这是由生物学特性决定的。

实际上，总有人愿意倾听你的烦恼，愿意与你沟通。

反过来说，如果有人认为没人愿意和自己说话，那他极有可能处在精神崩溃的边缘，或是脑疲劳导致了生病。因为心理正常的人能够敞开心扉，抑郁才会使人变得消极、悲观、不想见人。

与外界和他人的联系变少，会使你变得孤独，而孤独感会使你更加封闭自己，如此陷入恶性循环。孤独使人紧闭心扉。长期处在"不愿倾诉"和"无人倾诉"的状态中，人会陷入绝望，最终走投无路，生出轻生的念头，酿成悲剧。

关于大部分人自杀的原因，日本厚生劳动省颁布的《都道府县自杀对策计划制订指南》指出，地区生活、日常生活中出现的心理问题导致抑郁状态，抑郁导致人的意识范围变得狭窄，最终走向自杀。

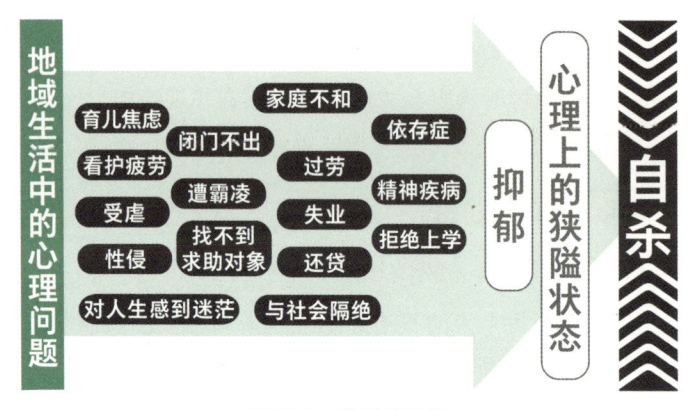

图 7.4　自杀的原因
（来自日本新潟大学医学部精神医学教室"新冠疫情与心理保健"课题）

有数据表明，三分之二的自杀者不曾向别人表达过自杀的意图。

因此，放任不管"求助无能综合征"就有可能演变成轻生。遇到困难，请勇敢地向身边的亲友寻求帮助。

然而，现实中很多人都找不到能倾诉的对象。我们需要至少有一个能谈心的朋友，这对保证精神卫生和心理健康很重要。本章的第二节会提到如何交朋友。

把烦恼表达出来、求助别人不是一件易事，但是当你鼓起勇气说出来，将烦恼与人共享，就会获得来自别人的理解。相反，如果你不把问题说出来，就不会有人知道你在为某件事而烦恼。当你拥有"找人求助的勇气"和"语言化的勇气"，就能向着消除烦恼的目标迈进一大步。

2 适时排压，使人变轻松

"可我还是找不到人求助。"
"没人愿意听我说话。"

读到这里一定还会有人困惑："做不到求助他人的话怎么办？""求助"一词本身就含有"事情很严重"的意思，因此人们会条件反射般地给自己设心理障碍，"很难（轻易）开口"。

"求助他人"这一行为的门槛相当高。做不到又该怎么办呢？
那就不执着于求助，试试释放压力吧。

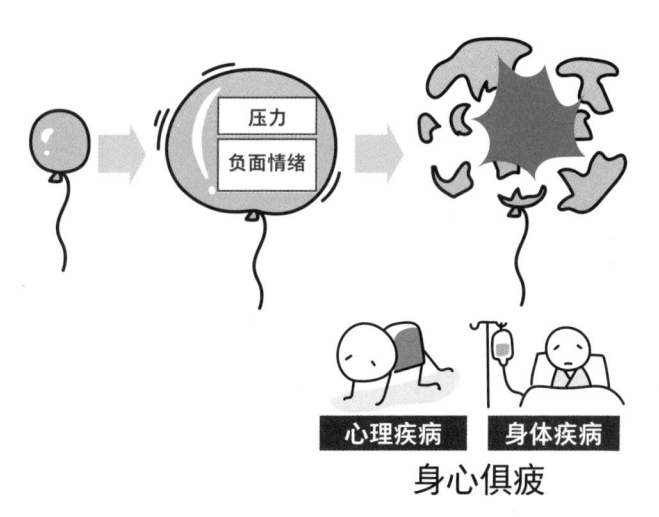

图 7.5　不适时排压的结果

什么是"排压"?

如果困惑或烦恼长时间得不到解决,你的负面情绪就会越积越多。

以给气球打气为例,随着压力的增加,气球达到紧绷的状态。如果不适当排气,调节气球内的压力,气球就会迅速膨胀起来,随时有可能爆炸。

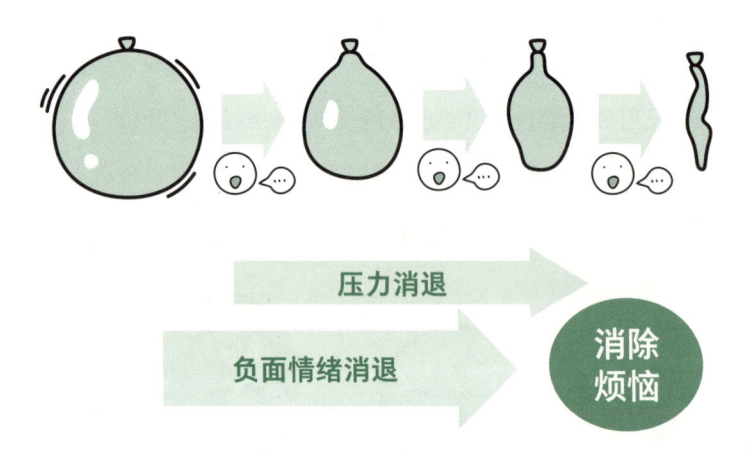

图 7.6 适时排压的结果

我们的身心一旦"爆炸",就会引发心理疾病,甚至引起中风、心肌梗死等身体疾病。因此,随着气球越胀越大,我们需要适当地排出气体。这个过程我称为"排压"。适时排压,就不会发生爆炸的情况。

那么,什么是"排压"呢?

第 7 章　鼓起勇气说出烦恼（语言化 2）

如实表达你的想法和感受。

虽然我们不应该说泄气话，但必要时刻，我们可以把"我好难过""我好痛苦"说出来，达到释放压力、发泄负面情绪的效果。

【排压的特征 1】放弃目的性

即使多数领导都希望下属遇到困难时找自己沟通，也很少有下属能主动找领导。一旦下属主动求助领导，多半事态已经很严重了。

在美国文化中，他们习惯在遇到困难时咨询别人；但在日本文化中，并不存在"求助他人"的传统，日本人常以"不给别人添麻烦，尽量自己解决问题"为美德。

我也经常问患者："为什么不早点儿来咨询呢？"他们的回答也都大差不差："咨询也解决不了问题。"绝大部分人认为咨询的目的是解决问题，因此抱有很高的期待。

在他们看来，无法解决（不能控制）的问题，即使求助他人也解决不了，没有任何意义，于是就容易放弃。

因此，我不再说"咨询"一词，而是用"排压"。不再劝患者"找人咨询咨询吧"，而是"排排压吧"。暂且放弃解决问题的念头，把自己的困惑和烦恼向别人吐槽吐槽。这样做的目的是排压，因此不需满足解决问题的必要条件。倾听者也只需听，并不需要给出忠告或建议。

【排压的特征2】说出来就能消除九成烦恼

"把烦恼说出来就会变得轻松吗?"

只需"排排压"就能消除九成的烦恼,这么说一点儿也不过分,因为排压的理论和心理咨询的理论毫无二致。

那就是"只要跟别人说一说就行"。咨询师只需要"倾听":听对方说话,专注在对方的讲话上。

"不给出忠告或建议"也是心理咨询的一个基本方针。正统派心理学主张让求助者自己意识到问题,不依靠指导,例如"你要做……""你最好……",最重要的是求助者自己意识到"我应该……"。因此对咨询师来说,引导求助者才是心理咨询的目的。

从某一角度来看,如果你认为排压没有意义,就相当于否定了心理咨询的意义。

不正确的排压

排压也有注意事项,否则不仅起不到释放压力的作用,反而会适得其反,增加自己的压力。不正确的排压会带来反作用,请注意避免。

◎**适得其反的排压1:说坏话**

一家咖啡店里,四位大约30岁的女士正在聊天。其中一位在细数婆婆的不是，话里话外都在说"我没错，都是婆婆不好"，无休无止。

尽管四个人的关系看起来很要好，另外三人还是逐渐露出了厌烦的表情，那位女士却没有要停下来的意思。邻座的我好像也被"污染"了，顿感不适，于是离开了咖啡店。

也许在那位女士看来，说婆婆的坏话是一种与好姐妹谈心的方式，是在发泄压力。

但是，输出（烦恼）是有规则的。

两周内重复说同一件事三次以上，记忆就会固化。

在一个小时里不断重复地说婆婆的坏话，与婆婆间的不快经历就会深植在她的记忆里。而这部分负面经历会时不时地在日常生活中苏醒过来，搅得你心神不宁。泡澡时、散步时、睡觉前，随时都可能浮上心头，让你神经一紧，怒从心来。

排压的作用应是"冲走"负面体验，而不是"强化"负面体验。

◎适得其反的排压2：反复强化负面体验

越是向别人抱怨自己的不快经历，它越会被反复储存在大脑里，这样一来，不仅无法消除烦恼，反而会产生反作用，最终使你陷入二十四小时被不快经历包围的境地。

重复输出十次以上的强烈记忆是无法轻易被删除和改写的。

也就是说，你制造出了烦恼，又通过反复诉说自行强化了烦恼。

我的患者中也有人会反复讲述同一件烦心事，这时我便会打断他，提醒他："您刚刚说过了，我了解了。""您上次已经说得很明白了。"防止患者继续强化他的负面记忆。

◎ **适得其反的排压 3：贬低自我**

我们在新闻中经常看到，人类每年产生的塑料垃圾给海洋环境和海洋生物带来了巨大的危害。

"我不行""我是个傻瓜""我做不到""我太笨了""我很丑"这些否定自己的话就像海洋垃圾一样。很多人每天都在无意识地向自己的"海洋"中投放大量的垃圾，破坏自己的意识环境。

如果一个人每天说十次贬低自我的话，一年就会说三千多次。这些责怪自己的话和别人的坏话就像海洋垃圾一样，扔到海里就不见了，不会立刻带来什么破坏。但是随着时间的流逝，沉在海底的垃圾就会越积越多。

我们将海洋比作人的大脑，海底就是大脑的无意识层，海面就是大脑的意识层。人们靠自己能够察觉到的只有海面上的意识层，而你的负面垃圾都堆积在无意识层，越积越多，直到溢出海面。

这些"垃圾"会带来怎样的负面影响呢？

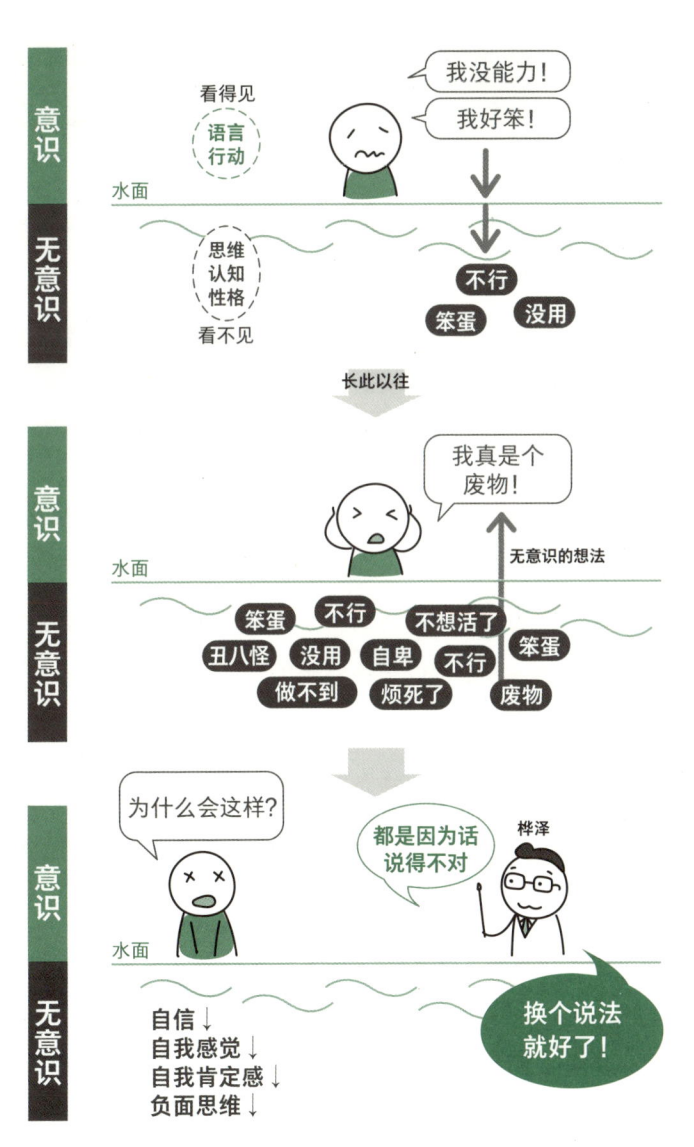

第 7 章 鼓起勇气说出烦恼（语言化 2）

图 7.7 停止投放"垃圾"

无意识会对你的性格、行动和想法产生影响。无意识中产生的想法、不知不觉中做的事情并不受意识控制，而是无意识发出的指令。

"我不行""我做不到"等语言会重塑你的无意识，最终使你陷入"负面思维定式"中，降低自我肯定感。

当你不自觉地说出负面的话时，大脑的杏仁核会兴奋起来，去甲肾上腺素被释放。去甲肾上腺素具有超强的提高记忆力的作用，因此会将负面的话牢牢地记在大脑里。去甲肾上腺素的作用到底有多强？我们可以试想一下，沉入海底的垃圾吸水膨胀十倍后是什么样的场景。

正如前文所述，排压是向别人发牢骚、诉衷肠，但自我否定的话是不能说的。否则不仅无法发泄压力、治愈内心，反而说得越多，产生的反作用力就越强。

看过前文所讲的"转换视角"和"丢掉负面情绪"后，一定还有人在说自己不行、做不到吧？为什么有的人总是脱口而出自己"不行"呢？

因为你在无意识中已经被"不行""做不到"等否定自我的话占满了。

你现在应该做的是立即停止投放"语言垃圾"，不再否定自己。那么一直以来堆积在无意识中的负面垃圾还能回收吗？可以的。**请多说"我能行！""我已经很好了！""我最棒！"等正面**

话语，逐渐净化被负面垃圾占满的无意识。

去甲肾上腺素可以有效提高记忆力，因此当你说出"我能行！"这样的正面话语时，大脑就会释放多巴胺，你也会变得快乐。多巴胺也被叫作"学习激素"，具有与去甲肾上腺素同样的增强记忆力的效果。因此，多巴胺会帮你强化快乐的记忆，抵消负面情绪。

爽快放下的人和一直放不下的人

"最近有个事快烦死我了，哈哈哈哈！"

把烦恼当笑话讲给朋友听，问题就很容易解决。只要你不再提它，一个月后便会完全忘记了。

前文提到的那位女士如果能够半开玩笑地和朋友讲与婆婆间的拱火经历，时间控制在十五分钟左右，点到为止。朋友也会纷纷给予理解，"真是难为你了"，这样她才会感受到治愈，有效地缓解压力。

负面经历只说一次即可，之后便会慢慢忘记，这就是**排压的"一次就好原则"**。反复或长时间说别人坏话、讲述自己的不快经历，不仅无法缓解压力，反而会使杏仁核变得过于敏感，形成易紧张体质。因此，不要总说负面的话。

有的人遭遇失败或是不快后能爽快地放下，而有的人却一直无法释怀，二者的区别便在于此。

"倾诉"的要领

1. 以轻松随便的方式谈话→不拘谨

2. 无须解决问题→单纯地吐槽烦恼

3. 在烦恼变严重之前丢掉它→太严重的烦恼会难以开口

4. 不要太严肃→说话轻松、幽默、明快

5. 尽量自我表露→自我表露能产生治愈效果

6. 有至少一位能交心的朋友→构筑信赖关系

7. 在身心健康时适当排压→及时减压,预防脑疲劳

"倾听"的要领

1. 全神贯注地听→倾听。听:说＝9:1

2. 不需要提建议→给对方提建议,对方反而会讨厌你

3. 多表达共情和安慰→"太不容易了""我能理解你"

4. 善用非语言沟通→随声附和、眼神接触、用神情和动作表达认同和理解

5. 创造轻松的交谈氛围→让对方舒适的场合、坦诚的双方关系、站着聊天

6. 把自己放在与对方平等的位置上→放下架子、不居高临下

第7章 鼓起勇气说出烦恼（语言化2）

忘记过去："至此告一段落！"

"忘不了前男（女）友。"
"想要忘掉不好的回忆。"

很多人都为无法放下不好的回忆而烦恼。

针对这个问题，虽然我在网上已分享了十几个相关视频，但是总有人来咨询我同样的问题。这个问题的解决方法之一便是前文提到的"一次就好原则"：和别人讲一次负面经历。

如果你已经反复和别人诉说自己的不幸经历（例如失恋）而难以忘记，那就试试下面的方法："让不幸的经历至此告一段落！"这句话出自日本时代剧《名奉行！远山金四郎》，因此也可以称为"远山金四郎招式"。

"蔡格尼克效应"是一种记忆效应。

人们对未完成的工作要比已完成的工作记得更清楚。换句话说：**已经结束的事情容易被遗忘，而未完待续的事情令人难忘。**

该效应由立陶宛心理学家布尔玛·蔡格尼克在一家咖啡馆的服务生身上发现。她发现这位服务生能清楚地记住客人点的餐，可是一旦上完餐，服务生很快就忘记了点餐内容。后来经过大量的试验研究，她确立了"蔡格尼克效应"：人们对那些未完成的

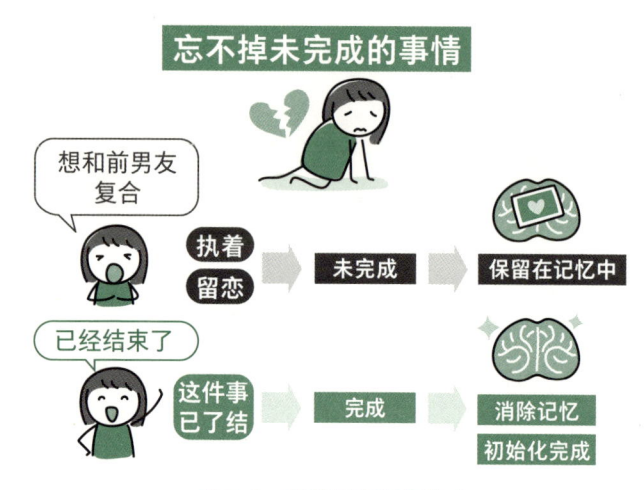

图 7.8　蔡格尼克记忆效应

事情总是念念不忘，却很容易忘记已完成的事情。

"分手"是一件已完成事件，但如果你仍然留恋，感到不甘，思绪纷涌，这件事就变成了未完成，所以总是忘不了。

而一旦对过去念念不忘，回忆"那段时间（和前男友在一起时）真快乐啊"，你就会生出想要复合的念头。

对过去念念不忘意味着这件事还没有结束。这时你需要采取以下方法，虽然简单粗暴但有效。了结了这件事后，你就能轻松告别上段恋情，这是由人的大脑结构决定的。

- 删除前男友所有的联系方式，包括手机号、微信联系人等
- 屏蔽社交软件中与前男友有关的所有信息

- ▶ 删除手机中前男友的照片
- ▶ 扔掉前男友送的礼物

手机中还留着与前任的照片的话,每次看到它,你都会重新勾起回忆,不断加深记忆。不少人总是口是心非,嘴上说着"想忘记",无意识中却是"不想忘记",因此上述方法对他们来说是很难做到的。

如果你下定决心要忘记,那就立即把照片、礼物等物品全都处理掉,任由回忆随这些物品一同散去,然后与过去潇洒告别。这样你就能给这段感情画上一个完美的句号,并准备迎接新恋情。

接纳不幸

"母亲去世了,我很难走出来。"
"陪伴自己 10 年的宠物死了,我走不出来。"

面对亲人、重要的朋友、陪伴自己 10 年的宠物的离世,人们通常很难从悲痛中走出来。那些美好的回忆越是美好,我们回想起来就会越觉得悲伤和难过。这时如果要求你把过去的照片和物品全部扔掉,不免有些强人所难。

因此，如果你想从一段美好但不幸的回忆中走出来，还有一个好方法是写"感谢信"。以书信的方式，向母亲和爱犬表达感激之情。"感谢你的包容与付出""感谢有你，给我的人生带来很多美好的回忆""生命中有你真好"……最后把信献在佛坛或坟前。以文字的形式回馈对方的付出，表达心中的感谢，借此告别一段感情，让自己彻底释怀。

从脑科学的角度来看，表达出自己的善意或感谢，会促使大脑分泌如催产素、内啡肽等快乐激素，这些物质有助于治愈你受伤的心灵。

将自己的正面情绪、想法、感激之情语言化，能够帮助你在面对重要的人和爱宠的去世时接受现实，走出悲伤。

人生得一知己，足矣

"没有一个能谈心的朋友。"

我经常听到有人说"我一个朋友也没有"，这令我很意外。

为了弄清"究竟有多少人真的一个朋友也没有"，我在网络上进行了调查，结果 37.9% 的网友一个朋友也没有。也就是说，在接受调查的人中，约三分之一的人没有一个能谈心的好友；而 23.2% 的网友选择自己有一个朋友。

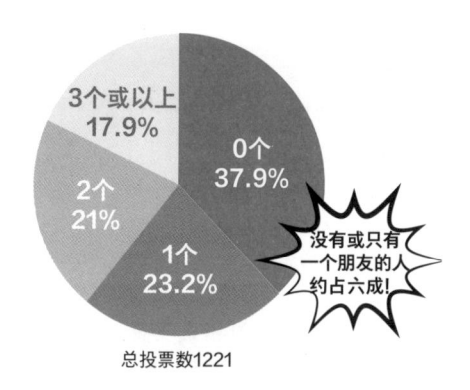

图 7.9 你有几个好朋友？
（这里的"好朋友"指当你遇到困难时能求助的人）

由此可得，在投票的人中，没有或只有一个朋友的人约占六成。

但是，"没有朋友"或"只有一个朋友"是很正常的现象，因此你无须悲观失落。

你应该避免的是：遇到问题时找不到一个可以求助的朋友。

很多小问题，我们只要和朋友讲一讲就能解决。哪怕当下没能解决问题，也能够起到排压的作用，释放压力和负面情绪。但如果你没有谈心的朋友，压力只会越积越多。

怎么交朋友

我们身边总有很多三人或四人的小团体，尤其在中学生之间，小团体现象很常见，很多青春动漫中也都塑造了令人印象深刻的小团体。

然而在现实中，极少有50多岁还整天四处闲逛的小团体，两人结伴的情况更为常见。

当听到"三个人中就有一个人没朋友"时，你或许会感到悲观，不，你应该感到高兴。

没朋友的人虽然不主动和人交往，但他们的内心是渴望朋友的。因此，只要你表达出想要交朋友的欲望，三人中至少便会有一个人向你敞开怀抱表示欢迎。

人们往往会过于悲观，认为只有自己没朋友，其实你有很多同类，你要做的只是从中找到伙伴，结伴而行。

小M性格活泼外向，有很多朋友，而你老实内向，小M可能不会和你交朋友。小N总是独来独往，好像没有朋友，那么他很有可能成为你的朋友。

交朋友时并不需要直白生硬地问对方："我们做朋友吧！"**多和对方聊天，寻找你们之间的共同点。接触多了，自然就会成为好朋友。**这在心理学上叫作"多看效应"（人们对越熟悉的东西越喜欢）。

关键在于找到共同点。

籍贯、母校、居住地、兴趣、食物、音乐、音乐家、运动……找到一个共同点，使对话持续下去，交流逐渐增多，关系就会越来越近。

第 7 章　鼓起勇气说出烦恼（语言化 2）

培养共情能力

遇到困难时有一个能倾诉的朋友很重要，但是与向对方倾诉相比，倾听也很重要。

向人倾诉是一种自我表露的方式，所以当你倾听别人的烦恼时，你们之间的关系一定会变得更亲密。

任何事物都是相互的，倾诉与倾听也不例外。如果你能真诚地倾听对方的烦恼，那么当你遇到困难时，对方也会愿意听你倾诉。

学会倾听、多听别人讲话能够提高我们的共情能力。

心理学家阿德勒认为，"'共鸣感'就是用对方的眼睛去看，用对方的耳朵去听，用对方的心去感受"。咨询师在倾听来访者说话时也是这样，会设身处地地把自己想象成对方。

虽然倾听有时是一种负担，会给人带来压力，但却是一个有效培养共情能力的方法。当你给予了对方共鸣，对方会得到治愈。随着双方沟通得越多，你们之间的共鸣会越来越强，你自然也就会更加信任和亲近对方。

就像你正在为没有朋友而苦恼一样，这世上三分之一的人都在为同样的问题而烦恼。

给予共鸣会让你获得（别人的）共鸣。同时不免有人担心："（自己主动后）被别人讨厌怎么办？"只要克服了这种恐惧心理，拥有被讨厌的勇气，主动出击，就能顺利交到好朋友。

> "最重要的是要有'共鸣感'。'共鸣感'就是用对方的眼睛去看,用对方的耳朵去听,用对方的心去感受。"
>
> ——阿尔弗雷德·阿德勒

3 写下来,就会变轻松

如何应对"没有能求助的人"

因为这件事情而烦恼的朋友,如果前面的方法对你都没用,别担心,还有最后一招。学会这个方法后,即使你一个朋友也没有,也能够排压。你需要做的是准备一个本子、一支笔,把烦恼写下来。

只需把烦恼写下来,就能消除烦恼。不需要别人的配合,一个人也能做到。而且省时又易行,整个过程只需 15～30 分钟。

其实写出烦恼等于让你直面自己的不堪(如短处、缺点、难以承受的痛苦经历等)。这么来看,这是一项相当困难的任务。

写下来就能消除九成烦恼

正如前文所述,我开设的网络频道每天都会收到 30 多条来自网友的问题。但很多人都无法简明扼要地表达自己的困惑。留言板明明有提示"限制 120 字",很多网友却还是写出 400 字以上的长篇大论，而且表达含混不清，让人不知所云。

简明扼要地表达烦恼很重要。**能够简明扼要地表达自己的烦恼，就相当于解决了九成的烦恼。**

语言化能够使烦恼变得直观和具体，有助于明确症状之后对症下药。找到症状后，我们就能通过查阅书籍、上网或求助朋友来解决问题。

但是，如果你只是心中苦闷、思绪混乱、进退两难、极度压抑，却说不出道不明，就无法有的放矢，更别说对症下药。即使想找人倾诉，可能也只会说："我好难过，我好痛苦。"

语言化有助于将感情与事实分开

为了帮助大家将烦恼语言化，我在留言区设置了字数限制。在这条规则下，投稿者必须直面心中的烦恼，整理混乱的头绪。通过这个方式，有些网友反馈："通过把烦恼写出来，感觉轻松了不少。"这正是我的目的。

语言化能帮你排气减压，同时也能引导你客观地看待烦恼，看清自己的处境，进一步确定应对方法。同时，语言化会促使你梳理混乱的思绪，排解压抑的情绪，因此会使你心情舒畅。

身陷烦恼时，人们的大脑往往一片混乱，虽然心中苦闷却不明所以。这时只需把烦恼写出来，就能排解。

善于运用语言化这把"剪刀"，将感情与事实切分开来。深陷负面情绪无法自拔的朋友，请一定试试这个方法。将烦恼语言化，挣脱情绪的枷锁。

当你能够客观地看待问题，意识到"眼下的困难也没什么大不了的"，那么一切便能重回正轨。

推特上设置每条推文的字数限制为 140 个字符，不如试试将自己的想法凝练至 120 ~ 140 个字，锻炼语言化的能力。

把烦恼写出来有什么用

1. **整理**

    整理事实关系，厘清来龙去脉

    整理混乱的大脑

    区分感情与事实

2. **发泄**

    缓解和释放负面情绪

    心情舒畅

3. **客观看待问题**

    烦恼变得具体，便于解决

    通过书籍或互联网寻找解决方法

    有助于更好地倾诉

    找到解决方法

    意识到"没什么大不了"

第7章 鼓起勇气说出烦恼（语言化2）

书面语言化能治病？

下面是一则患者案例，这位患者通过"书面语言化"成功消除了烦恼。

患者N女士，年近四十，药物成瘾，平日里离不开安神剂和安眠药。如果不使用药物，她就会烦躁不安、心神不宁，晚上难以入眠。

她说，如果我不给她开药，她就去别的医院拿药，或者去药房买很多安眠药，那样反而更危险。就这样，她完全成了药物的奴隶，鉴于她的状态，我坚持让她住院治疗。

住院后，我建议她做的第一件事就是写日记。内容随意，可以记录当天发生的事情，也可以写下自己的内心活动。我告诉她："一开始可以写得短些，慢慢增加。"虽然不限制日记内容，但N女士一开始仍然一词一句都写不出来。因为她无法面对自己，完全无法输出和语言化。

尽管如此，但通过每天对她进行咨询治疗、引导她积极地自我观察，N女士逐渐能写出一些内容来。一开始是一行，慢慢地能写三行，再到五行、十行。而且，她不仅开始写当天发生的事情，还会写到过去的经历。同时，N女士也意识到自己药物成瘾的问题。

"书面语言化"促使你直面现在及过去，将经历写成文章会帮助你更加客观地审视自身的处境。

坚持每天写日记能够提升自我洞察力。最初一句一行都写不出来的 N 女士，出院时已经习惯每天写出一篇日记来，完全出乎我的意料。

　　从她的日记中可知，N 女士因为和家里人关系不好而嗜药成瘾，以逃避现实。坚持写日记后，她慢慢地意识到自己的问题。

　　十多年来，N 女士一直辗转于日本各个医院，求医问诊，却一直没能戒除药物依赖症。没承想，通过写日记，她成功克服了药物依赖。

表达性书写的惊人效果

　　专家证实，用写作的形式将自己的痛苦表达出来对癌症晚期的患者来说也颇有效果。

　　美国临床医生南希·P. 摩根对华盛顿肿瘤中心的重症患者进行了一项写作训练，取得了显著的成果。

　　她的写作训练要求患者在 20 分钟之内，完成主题为"癌症如何影响你的生活、感受和认识"的写作。

　　参加训练的受试者中，49% 的患者回答"（通过写作训练）对癌症的看法发生了改变"，38% 的人回答"（通过写作训练）自己的心境发生了变化"。试验还表明，写作训练对年轻的和刚确诊的患者尤其有效。

　　连承受着常人难以想象的巨大压力的癌症患者，也能通过

"语言化"减轻压力。

这也表明，表达性书写虽然不能根除痛苦的源头（癌症），却能够改善患者的负面情绪（不安）。

20世纪80年代，美国社会心理学家詹姆斯·彭尼贝克为治疗创伤后应激障碍创设了表达性书写。这是一种心理干预方法，也被称为"书面表露"，旨在通过书写的方式，将患者内心的想法语言化，从而达到心理治疗的目的。

表达性书写后被广泛应用于积极心理学领域。大量研究表明这种方法对身心健康有多种好处，如提高自我洞察力、增进健康（增强免疫力、少生病）、改善睡眠、改善抑郁症、提升幸福感等。

英国牛津大学的学者对14名有失眠症状的测试者进行了一项研究，要求他们连续3天进行表达性书写。试验结果表明，他们的入睡时间由之前的40分钟缩短为14分钟。

日本顺天堂大学医学院的教授小林弘幸是日本自律神经领域的专家，他写过很多相关内容的书籍，其中《不可思议的三行日记健康法》一书中写道："只要每天睡前写下三行日记，就能调节自律神经，改善睡眠质量。"

表达性书写的方法有很多，下面介绍几种最常见的做法。

> **表达性书写**
>
> 1. 不限制写作时间
>
> 2. 写当天发生的压力事件以及主观感受
>
> 3. 写在纸上
>
> 4. 写下日期
>
> 5. 感受写得越具体越好
>
> 6. 字迹的美观与否不重要（因为别人不会看）
>
> 7. 内容不限，好事、坏事都可以
>
> 8. 15～20分钟（没时间的话5分钟也可以）
>
> 9. 坚持每天写（持续时间越长效果越好）

虽说可以写当天感受到的压力事件或负面事件，但是要谨记"一次就好原则"，避免反复写同一件事，否则可能强化负面思维。谨记把负面事件写出来是为了排解压力和放松心情，借此忘记痛苦。

关于写作时间，如果你的内容比较积极和正面，可以睡前写；如果负面内容较多的话，尽量在睡前两小时内写完。

因为在回忆负面事件时，我们容易出现情绪低落的状态，所以需要1～2小时平复心情。

另外，如果将负面信息语言化后立即睡觉，这些事件便会在脑中被强化，很难再忘掉，因此应避免睡前两小时内写日记。

当你的内容中既含有正面事件又含有负面事件时，先写负面事件，保证正面的内容能像牛皮纸一样包裹住前面的负面情绪，起到缓冲的作用。

写"三行正面日记"是更有效的睡前写作方法。

负面情绪太多的人需要发泄负面情绪，释放压力。但是一般情况下，我们不用勉强自己把负面事件写下来。搁置不理会的话，很快就会忘掉，而勉强自己回忆并写下来的话，反而会强化记忆，弊大于利。

临睡前写三行正面日记，可以保证你幸福地度过当天的最后时光，这样你就能在快乐轻松的氛围中入睡。

多想想积极正面的事情可以缓解焦虑，改善睡眠。

三行正面日记的写作方法

1. 换上睡衣，刷牙洗脸后再写

2. 临睡觉前，在笔记本上写下"今天三件美好的事情"，每件事写一行

3. 写太长会影响睡眠，因此篇幅要适中

4. 写完后不要耽搁，马上上床睡觉，不再胡思乱想，带着快乐的心态入睡

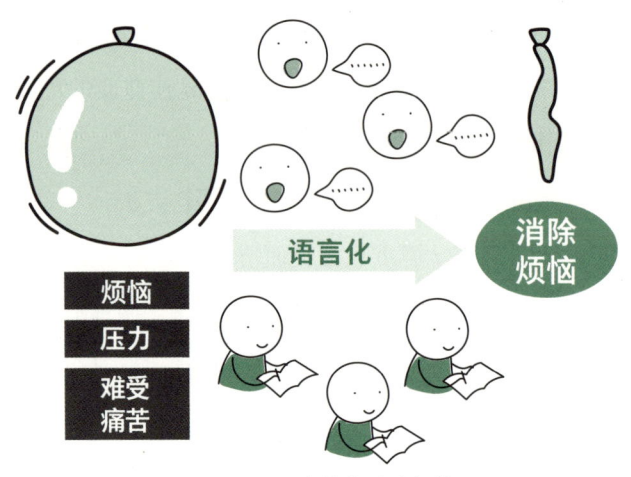

图 7.10　语言化能消除烦恼

即使你不擅长写作或是不擅长说话也没关系，语言化不需要这些能力，重要的是用语言表达。但万事开头难，你可能很难通过"说"或"写"将所想外化成语言，这也很正常。而且，人们一开始会无意识地抗拒，毕竟直面自己的负面情绪和烦恼并不是一件令人高兴的事。

普通的日记也好，三行正面日记也好，排压也好，只要坚持做到语言化，抗拒心理就会减少很多，语言化能力也能得到快速提高。

坚持三个月，你就会感到语言化变得容易很多。语言化等同于消除压力，可以有效减轻你的烦恼，最终消除烦恼。

第 8 章
行动起来，使烦恼消失（行动化）

拖沓只会让你越来越烦恼

提到思考的人、苦恼的人，我们的脑海里会立刻浮现出一个坐在椅子上双手托腮或双手抱头的人，罗丹的《思想者》也是这样的形态。实际上，只思考不行动，烦恼是不会消除的。

走起来才能解决问题，烦恼才会逐渐被消除。

久坐对人体的危害极大，每坐一小时，人类的寿命会缩短22分钟，而且久坐不动还会影响大脑的功能。相反，站起来的时候大脑会变得活跃，动起来更是能显著提高大脑的活跃度。

研究表明，相比每天坐不足六小时的人，每天坐超过十二小时的人患有心理问题的概率比前者高出三倍。有烦恼时，坐着不动会对心理健康产生危害。

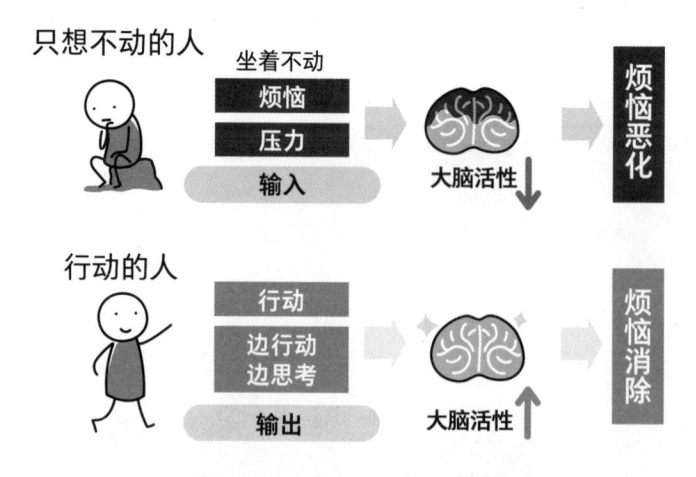

图 8.1 行动起来，烦恼才会消失

遇到烦恼时像"思想者"一样坐在椅子或沙发上冥思苦想，是最无效的解决方法。

行动，即进行某种活动。只坐着不动，烦恼是不可能消除的。只有采取行动（如与人见面、交谈、求助等）才能改变现状。

输入（搜索、查阅、读书）很重要，但是即使读了一百本书，如果不输出、不行动，则永远无法改变现状。只有输出（行动）才能改变现实。

前文讲到的"转换视角"和"语言化"已经讲述了应对烦恼的方法，接下来我们只需将方法付诸行动。

即便如此，还是不断有人来找我抱怨"无法求助他人""无法行动起来"。

"行动起来"真的这么难吗？

本书的最后一章将从脑科学的角度讲解人无法采取行动的原因，并介绍一些促进"行动化"的诀窍和方法。不过，一切方法的前提是，你要有意识地暗示自己："不行动，烦恼永远不会消失；行动起来，烦恼才会消失。"

1 自我调节：睡眠、运动、晨走

无法调控情绪的原因：脑疲劳

"脑子里一直重复想一件事。"
"负面情绪怎么也排解不掉。"
"消极想法挥之不去。"

烦恼和负面思维总是在脑海里挥之不去，即使进行积极的自我暗示"就让它过去吧"也毫无效果。这种无法调控情绪的情况在深陷烦恼的人中非常常见。

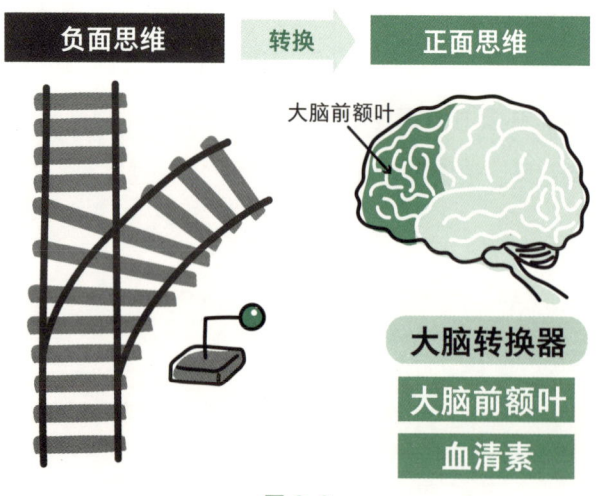

图 8.2

从脑科学的角度来看，出现这种情况是大脑前额叶皮层疲劳所致，大脑前额叶以及血清素的主要功能便是控制想法。而无法控制想法、无法调节情绪是因为大脑前额叶皮层疲劳、血清素分泌减少了，这样也就变成了我们常说的"脑疲劳"。

脑疲劳，即大脑进入了疲劳模式，这是一种介于健康和生病之间的大脑亚健康状态，不加注意，就会容易生病。脑疲劳的情况并不少见，任何人如果内心焦虑、工作太忙、睡不好觉的情况持续一到两周，都会出现脑疲劳。

脑疲劳是万恶之源

即使身心健康，但如果因为职场人际关系等问题整日烦恼也会稍感抑郁。痛苦情绪持续一段时间就容易造成脑疲劳。

脑疲劳会导致工作记忆能力降低，大脑中的三个"托盘"会减少为一个或两个。这样一来，大脑就无法思考，就像前文讲到的，从而陷入思维的死循环。

脑疲劳还会导致视野变得狭窄。只盯着眼前的困难，反而会使自己更加痛苦。因为无法全面把握问题，所以也不知如何应对，自然就不会想到上网搜索、查阅书籍、求助他人等方法。

脑疲劳还会使你难以控制情绪，变得焦虑易怒、悲观消极，无法理智思考。被情绪左右会导致人际关系进一步紧张，使自己更加被动与失控，陷入恶性循环中，难以自拔。

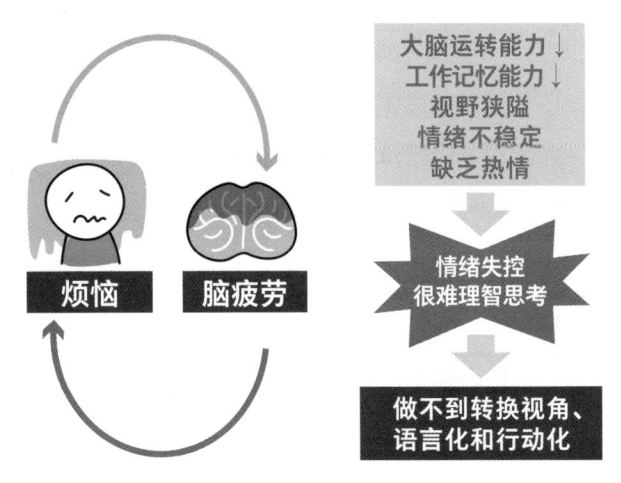

图 8.3　脑疲劳的恶性循环

随着脑疲劳的持续，你会逐渐失去干劲儿，对任何事情都提不起兴趣。更别提语言化和行动化，甚至最终发展为抑郁症等心理疾病。

烦恼引发脑疲劳。在脑疲劳的状态下，你无法做到转换视角、语言化和行动化，从而进一步加深烦恼，最终陷入烦恼的恶性循环中。

这么看来，脑疲劳似乎是造成烦恼的罪魁祸首。

当你精神不振时往往容易生出烦恼，但是几个月后再回头看，你会发现那些烦恼根本不值一提，想必很多人都有过类似的经历。

为什么会出现这种情况呢？原因很简单，那就是当时的大脑进入了疲劳模式。

美国宾夕法尼亚大学的一项研究发现,连续两周每天睡眠时间少于六小时,人的注意力会下降,与通宵的影响和危害相当。因此,在这种状态下考虑问题根本没有效果。

消除烦恼是有前提条件的,那就是身心平衡。

很多人爱逞强,说自己不疲劳。研究表明,大脑越是疲劳的人往往越容易认为自己不疲劳,即使已经处于脑疲劳的状态中,也难以觉察到。

连续几天过度工作或睡眠不足就会使大脑进入疲劳模式,这时大脑的功能是无法得到充分发挥的。仅通过调节身心就能解决你的困惑和烦恼吗?事情自然不会这么简单。

脑疲劳使警报长鸣

半夜里,"嘀嘀嘀!嘀嘀嘀!"手机突然响起地震预警,你吓得从床上跳起来,内心惊呼"大地震",结果发现是一场二级的小地震。你认为是手机误报,恼火地冲手机埋怨一句,其实这是因为地震仪的灵敏度太高了。

半夜被手机警报吓醒一次、两次,你或许还能忍一忍,但如果每晚预警都会响起,你很可能会再也无法安心入睡。

大脑处于疲劳状态时,大脑的"危险感应器"——杏仁核——就像过度灵敏的地震仪一样,会变得极度敏感,只要接收到一点危险信号,就会立刻做出反应。

当兴奋的杏仁核向身体发出警报时,你就会产生"焦虑""担心""害怕"的想法。如果每天都处在负面情绪中,大脑就会更加疲劳,杏仁核的敏感度也随之升高,使你整日生活在焦虑不安之中。

读到这里,相信各位读者不难理解,前额叶皮质是大脑的"司令部",可以控制杏仁核,使其由兴奋状态恢复至镇定状态。也就是说,如果杏仁核是一匹"野马",那么前额叶皮质就是驭马的"缰绳",可以预防杏仁核暴走和失控。

健康的大脑接收到危险信号后,前额叶皮质会进行分析和判断,向杏仁核发送语言信息,使兴奋的杏仁核迅速平静下来。

假设你正在山中走着,突然一脚踩到什么软绵绵的东西:"呀,有蛇!"你不禁惊呼一声,迅速闪开。定睛一看,只是一条绳子,于是你长舒一口气:"原来是绳子啊,我还以为是蛇呢。"这就是大脑的理性判断(语言信息)过程。正常情况下,人会马上恢复平静。

但是在脑疲劳的状态下,前额叶皮质的活动减少,当杏仁核兴奋时,前额叶皮质无法充分发挥控制作用。"缰绳"失去了对"野马"的控制。

这时,即使你知道踩到的是根绳子,也还是会直冒冷汗,心跳不止,甚至可能会胡思乱想:"要是真遇到蛇怎么办?"

在杏仁核不受控的情况下,自己是无法调节焦虑不安的情绪

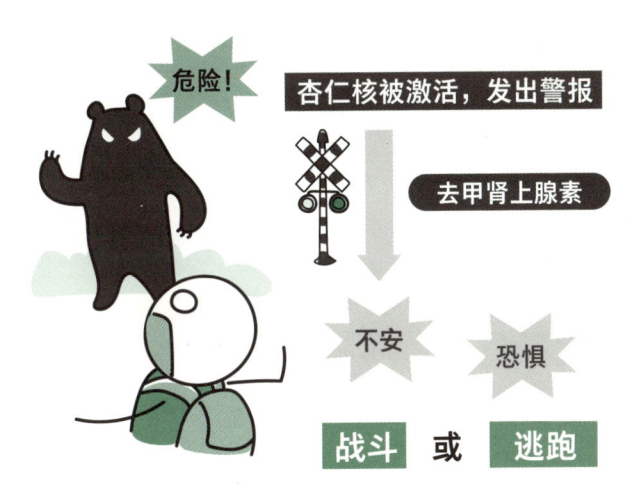

第 8 章　行动起来，使烦恼消失（行动化）

图 8.4　杏仁核感知危险、发出警报

的。整日生活在焦虑中，负面情绪挥之不去，这便是前额叶和杏仁核间的环路连接受到破坏的结果。

重新手握"缰绳"的方法

"总是忧心忡忡的……"
"烦恼和负面思维挥之不去。"

即使给你带来烦恼的问题难以解决，但只要脑疲劳得到缓解，大脑能够重新发挥控制作用，"危险预警"不再响个不停，你就不会因为任何小事焦虑。

那么，有什么缓解脑疲劳的方法吗？有，那就是调节身心，比如睡觉、运动、晨走等。

- ▶ 保证一天至少 7 小时的高质量睡眠
- ▶ 每天快走 20 分钟，每周做 2～3 次、每次 45 分钟以上的中等强度运动（微微出汗）
- ▶ 晨走，促进血清素分泌，调整生物钟
- ▶ 保持规律的生活作息，不熬夜（玩游戏、看电视）

"就这？"你可不要小看这些方法。如果你总是焦虑、担心，

烦恼不断，那么你首先要做的就是晨走，晨走能够有效刺激人体血清素的分泌。

晒太阳、有节奏地运动、咀嚼都可以有效促进血清素的分泌。早上太阳升起后，晨走 15 分钟，然后细嚼慢咽地享用早餐，能有效提高血清素水平。

如果是轻度脑疲劳患者，只要坚持一周，焦虑不安的情绪就能得到明显的改善。即使一周之内晨走 2~3 次，也会有效果。

太阳光是启动血清素合成的信号。如果身体状况不佳，一觉睡到中午、宅家、闭门不出，"血清素合成工厂"就不会启动，最终导致血清素分泌不足。

下文附"身心失调症状自检表"，请对照自检。

如果符合其中几项，那么你可能已经存在脑疲劳或血清素不足的情况。而血清素分泌不足时，人往往容易陷入烦恼的恶性循环。

如果已经脑疲劳，却忽视不理，慢慢地就很可能发展为抑郁症等心理疾病；如果是轻度脑疲劳，通过改善生活习惯就能够很快恢复。

表面上，规律的生活习惯与烦恼之间好像没什么关联，其实两者存在着密不可分的关系。只要调节好身心健康，大多数的烦恼基本上都能消除。请从力所能及的小事开始做起，逐渐将身心调整到理想状态。

身心失调症状自检表

☐ 常常焦虑、不安

☐ 头脑中总有负面想法

☐ 忘性大

☐ 早起困难,不想上班

☐ 遇事爱钻牛角尖

☐ 烦躁易怒

☐ 总是感到疲劳或容易疲劳

☐ 入睡困难、睡眠不深、容易醒

☐ 白天困倦贪睡

☐ 食欲旺盛,无法控制

☐ 玩游戏、追剧上瘾

☐ 大量吸烟喝酒

2 先行动起来

从能改变的地方开始

假如你家院子里散落着一块巨石和十颗小石头。你想把这些石头移走，让院子变得更美观，你会怎么做？绝大部分人会想方设法地把那块最碍事的巨石除去。但是巨石是不能轻易被移走的，于是你开始焦虑和内耗。

为什么不先考虑可以轻松移动的小石头呢？先把离你最近的那颗移走，然后再移走第二颗……这样用不了多久，十颗小石头就会被搬离，院子也会整洁很多。

巨石是你不能控制的，小石头是你能控制的。**先行动起来最重要，从能改变的、眼下就能做到的开始做起。既然移动小石头不费力气，那就先从小石头开始搬起。**

影响院子美观的因素中，巨石占 50%，小石头占 50%。只盯着巨石不放，几个小时过去也不会有任何进展；然而当我们把注意力放到小石头上，就能解决 50% 的问题。

上学考试时，老师经常会讲"先做会做的题"。

大部分考生都习惯于从前往后按顺序做题，如果第 2 题很难，就会花掉很长时间，影响答题速度，所以需要"先易后难"。

再难、再严重的问题和烦恼，你也一定有能马上着手做的事情。

上网搜索、查阅书籍、找人咨询、重新评估烦恼……只要眼下有能做到的事情,就要先行动起来。

那么,剩下的那块巨石该怎么处理呢?

叫来十个人一起搬或用起重机搬,如果就是移不走,那就把它布置为庭院一景。

首先从小麻烦、能做到的事情开始做起,解决完小麻烦再处理大麻烦。

【促进行动化的语言】把一件件小事做好

首先,做不到的事情我们无法改变,能让我们做出改变的、推动我们行动起来的只有能做到的事情。但是很多人还是迟迟没能行动,也有可能是因为你的目标太高了。

宝宝学步也叫"小步子原理",是指将大目标拆分成一个个的小目标,让每一次的小成功成为下一次改变的基础。这便是最根本、最有效的推动改变的方法。

很多人都会把目标定得太高。抑郁症患者一心想着"我要好起来",可是当别人问他:"你是怎么治疗抑郁症的呢?"他便陷入了沉默。

因为对于"治好抑郁症"这个最终目标,他不知所措、无从下手,因此也不会有所行动,病情自然不会好转。这时需要做的便是重设目标,比如"今天晨走 15 分钟"。将目标调小后,便可以轻松做到。如果 15 分钟达不到,5 分钟也可以。

细化目标很重要。比如,你的终极目标是治好抑郁症,那么可以先制定一些切实可行的小目标,比如定期复诊、按时吃药、相信医生、求助医生、保证每天睡眠时间至少 7 小时、定期运动、养成规律的作息、不睡懒觉、不熬夜、戒酒、让心静下来(不胡思乱想)、多放松、回归职场,等等。

将难以做到的任务拆解成一个个的小任务,从眼下能做到的小事做起。

目标定得越高,越难以开始行动。再废物的人也有能做到的事情,我们需要做的就是把它们一件件做好。

目标过大,会让你踌躇不前,消极拖延,导致自我肯定感降低;专注于能做到的事,就会不断获得一个个的小成就,积累成功的经验,增加自信,提高自我肯定感。

把一件件小事做好,一步步前进,才会离成功越来越近。

活在当下

"我要吃一辈子药吗？"

经常有患者问我："五年以后、十年以后，我都要一直吃药吗？"我们都无法控制十年以后的事情，现在担心害怕也是徒劳。

如何减轻现在的病情难道不是当下的要务吗？如何身心愉悦地过好当下不是更重要吗？然而，现实中很多患者整天胡思乱想，为不确定、不可控的事情担心："一年后我能回归职场吗？""十年后能停药吗？"有助于病情恢复的事情却一件不做。

与其花时间担心将来的事情，不如将注意力放在当下，做一些有意义的事情，比如"明早去户外散步五分钟"。

我们的大脑只能容纳三个"托盘"，而一味担心上述问题，除了痛苦就是胡思乱想，工作记忆很快就会被占满。于是你无心再顾及其他，自然也就无法行动。很多人都喜欢花时间和精力去思考自己无法控制的事情。

专注当下，做好能做的事情，搁置暂时做不到的事情。等你拥有足够的能力和精力时，再去解决遗留问题也不迟。如果你什么都想做，最终只会止步不前。

第 8 章　行动起来，使烦恼消失（行动化）

行动起来，消除不安

为什么一定要行动起来？行动能使杏仁核镇静下来，从根源上解决过度焦虑的问题。

杏仁核的主要功能是"感知危险"，比如当你遇到猛兽时，杏仁核会立即兴奋起来，促进大脑分泌去甲肾上腺素，专注力、判断力瞬间提升并达到峰值，驱使你迅速做出战斗或逃跑的决定。如果你发现敌我力量悬殊，会选择拔腿就跑。

但如果你愣在原地、什么都不做，你可能会被猛兽攻击。因此，杏仁核会持续发出警报，进一步促进去甲肾上腺素的分泌，增强恐惧感和不安感，推动你迅速做出反应。当你成功脱离危险时，杏仁核就会停止报警，恢复镇定，恐惧感就会消退。

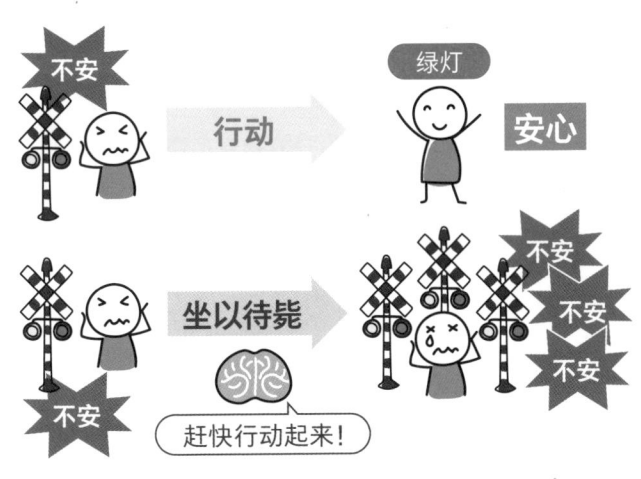

图 8.5　行动能消除不安

行动起来，消除不安；什么都不做，只会使你陷入更深的不安与恐惧中。这便是大脑的运行机制。

然而在现实中，很多人总选择坐以待毙，让自己越发焦虑。从脑科学的角度来看，这种结果是必然的。面对烦恼，大部分人的做法是什么都不做，而这其实是应对烦恼的大忌，会让自己越来越烦恼。

行动起来，才能消除不安和烦恼。

【消除对未来不安的话语】为防止这种情况发生，现在能做什么？

读到这里，想必各位读者不难理解先行动起来的重要性，但真正实践起来并不容易，有人会迷茫，总是担心未来的事情，无法专注当下。第二章中介绍过"放下过去的话"，但有的人执着于过去，也有的人总担忧未来。

下面是三句消除对未来不安的神奇话语，帮助你将注意力从"将来"转移到"现在"。

"得老年痴呆的话，怎么办？"

▶"从现在起，可以做什么？"

▶"从今天起，可以做什么？"

▶"从自身出发，可以做什么？"

我们知道，运动可以有效预防老年痴呆，每天散步15分钟是有益于身体健康的。如果能做到知行合一，就会感到安心。而正因为你只是停留在"知"，不付出任何"行"，才会感到焦虑。当你感受到"自己在向着好的方向一点点行动"时，焦虑就会得到缓解。

"以后没钱养老怎么办？"

担心以后没钱养老的人不在少数。如果你问他们："你是如何攒养老金的？"他们也都会无一例外地回答"什么也没做"。只是把钱存进银行，什么投资都不做，所以你才会感到焦虑。

"为了攒钱养老，现在能做些什么？"

▶ 首先，学习理财知识。看一本理财入门书。

▶ 接下来，投资。先从门槛低的小额投资开始，如NISA[①]，100日元（约等于人民币5元）就可以开户投资。

学习理财可以培养我们对金钱的掌控力，有了控制感，焦虑就会得到缓解。因此，即使你没能存到一百万，但拥有了对金钱的掌控感，也能减缓财富焦虑。

---

① 正式名称为"少额投资非课税制度（Nippon Individual Saving Account）"，主要针对股票以及基金投资卖出的利润以及股息获利，在一定条件限制下的免税制度。

3 消除烦恼，学会"断舍离"

手机上瘾、熬夜、酗酒、说坏话、消极悲观

在前文中，我们主要介绍了如何应对烦恼，以及面对烦恼应该做什么，那么面对烦恼又有什么不能做的事呢？

手机上瘾、熬夜、酗酒、说坏话、消极悲观……总是烦恼的人，一定有以上一种甚至全部的坏习惯。这些行为都会加重脑疲劳，如果不尽快改掉，转换视角也好，语言化也罢，做什么都是无用功。

转变看法和调节心理并非易事。采取行动、改变生活习惯也不简单，但是后者只要做了就有效果，而且立竿见影。

消除烦恼有"五做"和"五不做"，当你生活中的"五不做"行为越来越少，"五做"行为越来越多时，你解决问题的能力就会得到提升，人生也会越走越顺。

> ① 正确阅读，提高阅读理解能力 vs 错误阅读，越读越焦虑

前文第三章中讲到，查阅互联网和书籍能够快速找到应对烦恼的方法，但究竟有多少人通过上网或读书解决了烦恼呢？对此，我又发起了一项调查。

第 8 章 行动起来，使烦恼消失（行动化）

调查结果与我的预想截然相反。我预测采用以上方式寻求解决方法的人会有 20% ~ 30%，调研结果却显示这个占比有 70% ~ 80%，实属意外。

虽然本书开头提到"约八成的人无法自己消除烦恼"，但这个结果表示，面对烦恼，有 70% ~ 80% 的人会积极地寻求解决方法，不过遗憾的是，大部分人都没能通过这些方式真正消除烦恼。

于是，一个猜想闪过我的脑海："是不是因为大多数人不会读书呢？"

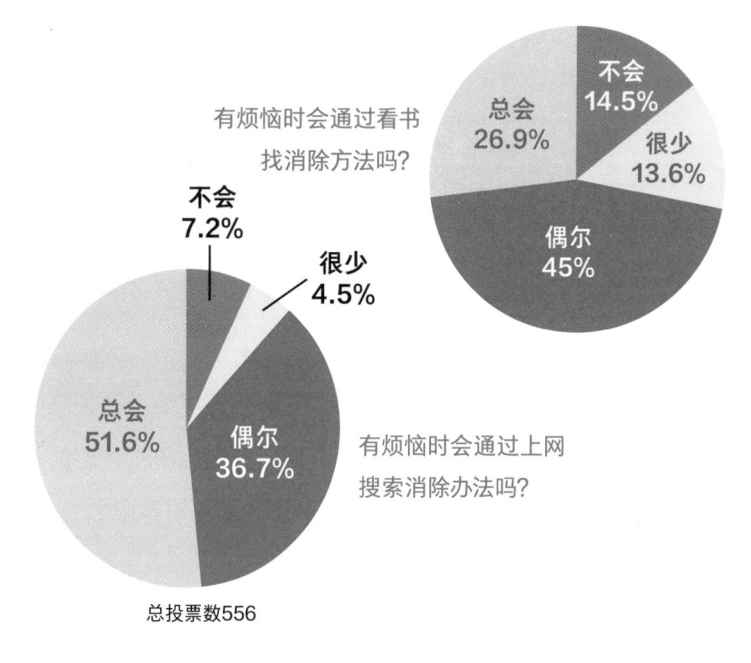

有烦恼时会通过看书找消除方法吗？
- 不会 7.2%
- 很少 4.5%
- 总会 51.6%
- 偶尔 36.7%

有烦恼时会通过上网搜索消除办法吗？
- 不会 14.5%
- 很少 13.6%
- 总会 26.9%
- 偶尔 45%

总投票数 556

图 8.6 有多少人遇到问题会上网搜索或查阅书籍？

"正确阅读"应该符合如下标准：

- 学好语法是读书的基础
- 联系上下文来理解文意
- 不曲解作者的原意
- 放下先入为主的偏见、客观分析和理解

满足这些条件才能叫"正确阅读"，而真正做到有效阅读的人其实很少。如果没有看懂书中的内容，读再多的书也没用。在这种情况下付诸行动，也只会适得其反。

有读者在网络购物平台上对我的书评过一星，评价戾气很重，大致内容是"（这本书里的观点）全是一派胡言"，我想也许是因为这位读者对文本的理解与我想表达的原意偏差太大了。

先入为主的观念会禁锢你的思维，使你很难获得新知，也就不会成长，这种读书方法是不可取的。

如今，网络环境上充斥着各种吹毛求疵的评论，其实按照正常思维理解别人的留言，是不会写出那些荒诞无稽的评论的。然而在虚拟世界中，人们很容易被煽动情绪，戴着有色眼镜看问题，因此很多人都无法做到正确阅读。

经济合作与发展组织（OECD）2018年实施的国际学生评估项目（PISA）测试结果显示，日本15岁学生的阅读能力在所有参与评估的国家（和地区）中排名第 15 位，与 2015 年的第 8 位相比大幅下降。

"在网上做了 ADHD 测试，发现自己符合其中 3 条症状，怎么办？"

前文也提到过，很多人都因为怀疑自己患上了 ADHD（注意缺陷与多动障碍）而焦虑不安。ADHD 的诊断标准网上就可以查到，其中一条标准便是"满足 18 条症状中的 6 条以上"。

那么，符合 3 条症状会被确诊吗？

用正常思维理解的话，满足 6 条以上症状才能被确诊，因此只符合其中 3 条是不成立的。

而且任何人都可能表现出其中 2～3 条症状。

在这个案例中，如果能做到正确阅读，就能意识到自己没有患病；如果理解有误，就会陷入恐慌，徒增烦恼。

上网查询和查阅书籍都是消除烦恼的有效方法。误读、误解原文内容，只会使自己越发焦虑和烦恼。这便是本末倒置了。

当今时代信息高度发达，手机、电脑高度普及，任何人都可以通过上网瞬间查到重要的信息。只有正确阅读、正确理解这些内容，才能缓解焦虑，找到解决方法，消除烦恼。

首先，请培养读书的习惯，提高阅读理解能力吧。这件事听起来似乎很难，其实不然，下面这个方法就能帮你快速提高阅读理解能力。

那就是写读后感。哪怕只读了3本书，写下感想也能有效提高阅读理解能力。

我每次发新书时都会举办"读书感悟征集活动"，在不同的活动中，也会收到相同的读者寄来的读书感悟信，我能明显感受到他的文笔一次比一次有进步，领悟能力、文笔水平、表达能力都有显著的提高。

那么，不如就从本书开始写读后感吧。

越搜索越焦虑？不要总关注负面信息

很多经常上网的读者往往倾向于关注和浏览容易引起焦虑的信息（负面信息）。

在网络（电视等多媒体）上，相比令人快乐的好信息，更多的是铺天盖地的负面信息和容易煽动不安的坏消息。究其原因，这是从网络运营角度看，通过增加流量来获得广告业务是一种常见的盈利模式。

从心理学上看，**人类拥有负面思维的本能（认知偏见）**，更**倾向于关注负面信息**，因此网络运营商想通过增加流量获利，必然会大量发布此类新闻。

信息闭塞导致焦虑不安，因此人们会想要通过获取网络信息来摆脱焦虑，结果却因为关注和浏览了大量负面信息使自己更焦虑，这是不可取的。

多关注客观中立的信息。更准确地说，当你处于焦虑状态时，尽量只看那些让你安心的信息。

然而，如今网络上的信息铺天盖地，错误信息和误导性信息更是肆意泛滥。一旦你搜索到一些碎片信息，在认知偏见的驱使下，你便会不停地去关注更多负面信息。

因此，当你深陷焦虑时，漫无目的地上网不是一个好方法，读书是更加明智的选择。

一本好书会辩证客观地分析问题。读书能够增强读者解决问题的能力和抗压能力，有益身心健康。

一个有阅读习惯的人会体会到"读书能够答疑解惑"，因此也能够更主动地从书中寻找解决方法并学以致用，化解烦恼。

这时你可能会质疑："心理脆弱的情况下怎么能看得进去书呢？"

诚然，当你极其苦恼、患有脑疲劳或心理疾病时，很难心平气和地读进去书。因此我建议在"身心健康"的平时，就要养成良好的读书习惯。再遇到困难时，你就会想起这本书里好像有讲到解决方法，从而帮助你迅速解决问题。

② 发呆 vs 信息过载、手机成瘾

"过度使用手机"也是导致烦恼的主要原因之一。

工作间隙，很多人会拿起手机玩一玩，这其实是最应该戒掉的坏习惯。

研究表明，大脑消耗能量的 80%～90% 都用作处理视觉信息。当你投身文件或进行其他电脑办公作业时，你的眼睛已经在高强度地工作了。这时，在工作间歇玩手机，不但不能休息，反而会让大脑和眼睛更加疲劳。这就像用鞭子抽打全力冲刺的马儿一样，会使马儿不堪重负。

更别提低头族，已经是当今社会的一种普遍现象。

多发发呆吧。

从脑科学的角度来看，发呆是一种很重要的行为。**当你什么都不做，只是静静发呆时，"默认模式网络"（DMN）就会被激活。**DMN 可以理解为"大脑的待机状态"。

在这种状态下，大脑仍在活动。比如，想象一下未来的自己、回忆和梳理一下过去、评估一下当下的状态……盘点过去、思考现在、想象未来，为成为更好的自己蓄力。

尽管自己并无觉察，但其实大脑在无意识的状态下也在解决问题。

相信每个人都有过这样的经历：发着呆突然灵感闪现，"某件事要赶紧处理了"，于是一个困扰你很久的问题迎刃而解。这就是 DMN 在帮你解决问题。也就是说，时不时发发呆，DMN 就能帮你消除一部分烦恼。

DMN 就像烦恼自动解决装置。 每个人都拥有如此奇妙的装置，只是因为我们过度依赖手机等电子产品，从而剥夺了它发挥作用的权力。

休息时、乘地铁时、坐在公园长椅上仰望蓝天时，都请有意识地、主动地去发发呆吧。

对我来说，汗蒸后是激活 DMN 的最佳时机。蒸桑拿，冲完冷水澡后稍稍休息 10 分钟，总是能获得意想不到的宝贵灵感。

发呆不是浪费时间的做法，而是一种绝妙的时间管理方法。

消除烦恼从放下手机开始

如果你真想消除自己的烦恼，我建议第一步从戒掉手机开始，或者尝试将每天看手机的时间控制在两个小时以内。

戒掉手机的最低要求如下：

- ▶ 工作间歇不看手机
- ▶ 通勤路上不看手机
- ▶ 不把手机带进浴室

- ▶ 吃饭时不看手机
- ▶ 不把手机带进卧室

我们都需要给发呆留时间，它能使你在短时间内消除脑疲劳。放下手机后，你解决问题的能力也会越来越强。

尤其是睡前两小时，一定不要看手机。太阳光包含蓝光成分，因此晚上看手机，会给大脑一种"天亮了"的错觉，抑制褪黑素的分泌，让你很难入睡。

同时，皮质醇分泌也会增多。皮质醇是一种"鸡血激素"，早晨时分泌最为旺盛，能使身体和大脑迅速清醒，进入临战状态。在这种状态下，你对不安信息更为敏感，因此杏仁核也更为活跃，让你更加难以入睡。

好好睡觉能有效改善脑疲劳。

而在睡眠质量不佳的情况下，脑疲劳会加重。安德斯·汉森的《手机大脑》一书提出"手机大脑"一词，其实也可理解为"焦虑脑"。在焦虑脑面前，转换视角和语言化都是无用的。

反倒是放下手机才能帮你解决，至少，焦虑、担忧等负面情绪可以得到有效缓解。

③ 规律的生活 vs 熬夜

"放松"比"兴奋"更重要

压力大的人有一种常见的表现：爱玩游戏和熬夜看剧。

躺到床上时，大脑仍然处于亢奋状态，自然很难快速入睡。第二天还要上班，当然会造成睡眠不足。这种行为便会加剧脑疲劳，增加压力，更不利于消除烦恼。

那么，为什么压力大的人更容易沉迷于网络游戏和刷剧呢？

高强度的工作以及复杂的人际关系常常会搞得人身心俱疲，很多人下班后根本没有精力再去运动和看书。但是像玩游戏这样的行为，即使是在身心疲惫的情况下也可以轻松做到。而且，当你投入其中时，会暂时忘掉白天不快的事情。因此，压力越大的人越容易沉迷于晚间活动中，这是一种逃避烦恼的好方法。

虽说这些活动并不一无是处。我也喜欢刷视频，一天玩两个小时也是一种不错的消遣，但是游戏和电视剧容易上瘾，长时间地玩手机只会使大脑更疲劳。

也许你会反驳："玩游戏可以调节心情。"在玩游戏或追剧中获得的愉悦感是由多巴胺、肾上腺素的分泌所带来的，是一种感受到兴奋和刺激的愉悦感。这个性质与赌博游戏相似，偶尔尝试能体验到刺激与快感，但是当大脑很疲惫时，你需要的不是兴奋，而是放松。

熬夜对身体的危害极大，紊乱的生物钟不仅容易诱发心理疾病和生活方式病，还会导致疲劳感挥之不去、身心失衡。

从现在起，养成规律的作息吧。**每天按时睡觉、按时起床，睡够7个小时。**

即使你的本意是通过玩游戏、刷剧给自己减压，但现实往往是因玩的时间过长导致睡眠不足，加剧脑疲劳，增大压力。

> ④ 戒酒、适量饮酒 vs 过量饮酒

压力大时，部分人会选择喝酒解压。

我曾在网络上发布过一项调查："你需要喝酒解压吗？" 29.3%的人选择"是"，也就是说在参与调查的人中，有近30%的人会选择通过喝酒来缓解压力。

但事实是，喝酒非但不能解压，反而会使你压力更大。这点，请铭记于心。

首先，喝酒会影响你的睡眠质量，使睡眠变浅，睡眠时间变短。而且，长期喝酒的人，身体会分泌大量的压力荷尔蒙。从生物学的角度来看，喝酒导致压力增大是显而易见的。

情绪低落时，一拍脑袋"喝一杯去！"是最不可取的。长期饮酒会削弱你解决问题的能力以及应对压力的能力。喝酒对于解压没有明显的意义,而且百害无一利。

酒虽然是人际交往的润滑剂,但是在我看来,当你压力大时,最好的方法其实还是好好睡一觉,才能有效地消除脑疲劳。

所以,不要再用酒精麻痹自己了!

治疗心理疾病先戒酒

作为心理医生,我经常跟我的患者说:"要想治病,首先要戒酒。"喝酒会影响睡眠,不利于病情的恢复。

尽管如此,让长期饮酒的人戒酒简直难于登天,哪怕退一步,建议患者控制饮酒量,能做到的人也是微乎其微。

每天喝酒的人可以先给自己安排每周一天禁酒日(休肝日),在这一天滴酒不沾。接下来再将休肝日调整为一周两天(最好是连续的两天)。这样,当你能够控制自己不再每天喝酒时,就会减少对大脑的损害,酒瘾也会逐渐减退。在酒精成瘾前及时悬崖勒马,慢慢地逐步减少饮酒总量。

⑤ 正面思维 vs 负面思维

建议尝试"三行正面日记"

假设今天发生了十件事,其中五件是让你感到快乐的(正面事件），另外五件事是令你伤心、难过、痛苦的坏事（负面事件）。一天结束后，如果让你回想一下今天发生的三件事，你会先想起哪三件事呢？

有的人会想到三件正面事件，那么他就会感到度过了快乐的一天；有的人想到的是三件负面事件，那他就会感到这天很不幸。

度过了同样的一天，经历了同样的事情，有的人快乐，有的人却感到不幸。

习惯用负面思维考虑问题的人，解决完一个烦恼又会拾起下一个烦恼，于是源源不断的烦恼将会使你一直活在痛苦中。

想要远离烦恼、变得快乐，就要摆脱负面思维，建立正面思维。

用正面思维看问题，即使有很多烦恼，你却依然能从生活中发现很多积极美好的事情。在看到一身缺点的同时，你也会看到很多优点和长处，能看到无限可能。而在负面思维中，你只能看到不好的方面，对自己的优势不自知。

将负面思维调整为正面思维吧，只需转换一下视角，你就能把那些暗淡无光的日子过成值得回味的美好时光。

摆脱负面思维的方法，最有效的便是写"三行正面日记"，在一天结束时，记录当天发生的最快乐的三件事（第187页）。坚持一个月，负面思维就会显著减轻。

【化负面思维为正面思维的神奇话语】

想要摆脱负面思维很简单,就是不再说负面的话,改说正面的话。当你说了一句负面的话,至少要再说三句正面的话来抵消。

但是,我们常常不自觉地说出负面的话,下面教你三句神奇话语,在你想说负面的话前及时刹车。

1. 让前话不再作数的连词"虽然……但是……"

下次当你脱口而出"根本不可能!"的时候,请记得补上后半句:"但还是可以试试。"

"虽然有点难办,但还是尽力而为吧。"

"虽然有些困难,但还是先想想办法吧。"

相信你一定能找到机会,说出正面的话来。

2. 切断过去的话"先这样吧"

这句话不仅能帮你放下过去,还能抵消你刚刚脱口而出的负面的话。

下次当你发出哀怨"烦死了,怎么办才好!"的时候,记得加上一句:"先这样吧。"

"先这样吧,要不查一查有什么解决办法吧?"

"先这样吧,肚子饿了去吃饭吧?"

当你需要转换思维、调整心态、改变处境时,都可以对自己说一句"先这样吧"。

3. 转折连词"可是"

"可是"一词经常被用于陈述借口的语境中，因此你可能不喜欢它。

比如："那部电影今天就要下线了，可是工作太忙了看不了。"

像这样正面暗示后，用"可是"话锋一转，表示之后会出现不好的结果（正面暗示＋"可是"）。但是，负面暗示＋"可是"却可以帮你扭转局面。

"我真没用！可是，先干起来再说吧！"

"我就是个废物！可是，这次就拼一把吧！"

这个词的转折程度非常高。因此，当你对自己的负面暗示转折后，脑海里就会自然地浮现出积极的正能量的话语。

类似的词还有"可还是"。

"早就不想活了！可还是在努力地活着。"

"不想吃药了，可还是要吃，不然怎么治病。"

当你表达过伤心绝望之情后，"可还是"使你精神振奋。

你或许对此半信半疑，仅仅几句话就能改善负面思维？当你有意识地用这几句话给予自己心理暗示时，说明你还在为摆脱负面思维而挣扎；而当你无意识地说出并用好这几句话时，那么恭喜你，你已经成功摆脱了负面思维，建立了正面思维。

最终章

消除烦恼的终极方法

即使你已通读了本书，掌握了其中的某些方法和技巧，相信还会有不少读者实践起来仍磕磕绊绊，难以从烦恼中脱身。下面我将介绍消除烦恼的终极撒手锏，助你尽早脱离"苦海"。

◎ **消除烦恼的终极方法1：放下**

独自烦恼，毫无办法；求助他人，一无所得；当你无能为力时，放下不失为一剂良策。

很多人对"放弃"都抱有负面的印象。从小，老师和家长就教导我们"不要放弃""放弃等于失败"。

日语中的"放下"（諦める）原为佛教语，来自"明らかにみる"（明了，看清）。认清自己，知道自己能做什么、不能做什么，放下该放下的。

放下某个你所想要的东西，也就是放下对事物本身的执念。

放下，让内心获得自由。

《汉和辞典》中，"諦める"中的"諦"有以下几条释义：详细、清楚、弄明白、事实、真理、悟道、大喊、哭泣。这个字本身并没有任何消极负面的意思。

日语中有一个词叫"諦観"（看破），该词的词义并不是表示放弃后的遗憾和懊悔，而是"认清自己、看清本质"，这是一种开悟的境界。

"看破"指去除偏见、放下执念。前文中讲到用中立思维看问题，将中立思维发挥到极致，便能达到放下的境界。

"放下"并不是"中途停止"和"中途放弃"，而是一种看清自己、找准定位的智慧。

前文多次写道，为自己做不到的事情和不可控的事情苦恼就是在消磨时间。对自己无能为力、无论如何都解决不了的问题，再多的挣扎与努力也只是在徒增痛苦。

放下该放下的烦恼，丢掉负面情绪。告别昨日，继续前行。这绝不是一种消极行为，而是非常积极正向的行为，也是一种消除烦恼的方法。

【助你前行的话】"没办法"

下面介绍三句神奇话语，帮助你当断则断，勇敢地告别过去。

"没办法"

这句话虽然听起来消极，但如果你把这句话接在刚刚说过的否定的话后面，就会起到"负负得正"的效果。

"一不小心把手机摔了，屏都碎了，唉，没办法，反正也用了3年了，旧的不去，新的不来。"

"工作失误给公司造成了损失，没办法，事已至此，只能下次再弥补了。"

"算了吧""也是常有的事"

"一不小心把手机摔了,算了吧,反正也用了3年了,旧的不去,新的不来。"

这里有个小诀窍,当你说"算了吧"的时候要注意语气,轻松明快的语气能帮你扫除挫败感和压抑感。

"一不小心把手机摔了,唉,也是常有的事,拿到新手机,一定要先给手机贴上保护膜。"

"也是常有的事"代表你已经接受了现实。而"当初小心点,也就不会……"这种事后懊悔的话,说明你还没能接受现实。这些话能够化"否认"为"接受",而当你肯定现实、肯定自己以后,就能告别过去,继续前行。

◎消除烦恼的终极方法2：以退为进

中国有一句古话："三十六计，走为上计。"当所处形势不利时，比起机关算尽，逃走是最好的办法。

"三十六计"是指三十六个兵法策略，共分六套，每套又各包含六计，第三十六计即为"走为上计"，释义为"无计可施时，逃走为最上策"。

前面三十五计招式用尽，依然毫无转机时，就要使出最后一招——打不过就赶紧跑！否则只会赔了夫人又折兵。暂且撤退，待重整旗鼓、养精蓄锐后再卷土重来。这个道理很简单，但是鲜有人能做到这一点。

太平洋战争后期的"玉碎战[①]"体现了日本人誓死抵抗、决不退缩的性格。现实社会中，无论在学校还是职场中，我们也经常能听到"不抛弃！不放弃！"的口号。日本昭和时代流行"根性论[②]"这一概念，即靠意志力顽强拼搏。如今仍有很多团体组织深受该思想的影响。

无论在学习方面还是运动方面，遇到困难轻易放弃的确令人遗憾。但当你翻过那一堵墙时，就会获得幸福，实现自我成长。但在现实生活中和职场中，面对困难，人们其实往往是"束手无策"的。如果你还是坚持"死扛"，会发生什么呢？

---

① 日本在战争时期的一个特有概念，也是自我美化的一个称呼，实质上指"全军覆灭"。
② 一种认为毅力能够突破一切客观条件限制的思想。

我接诊过很多在黑心企业上班患有精神病的患者，他们都表达过相同的心声："真后悔没早点儿辞职，不然也不至于得病了。"

越是做事认真的人，越不容易辞职。但最终，又会受伤、患病，甚至自杀。收手和撤退非常重要。

假设你是一位老板，公司开拓了一项新业务，但却经营不顺。由于前期投资很多，你在坚持与收手之间犹豫不决，错过了最佳撤离时机，亏损越来越大，最终导致破产。

"整天忙得不行，人际关系也一团糟，不如辞职算了。"

有辞职想法的人很多，但真要下决心辞职并不容易，因为那会给对方留下不好的印象。不顾周围人的眼光需要极大的勇气。

这时，不妨换种说法，"辞职"等于"换工作"和"开启第二职业"，这样暗示自己，消除辞职可能会带来的负面影响。

对一个努力戒烟的人来说，越是刻意强化"我要戒烟！"的想法，越会想念香烟的味道。

这时，试着说成"改掉坏习惯"如何？将"戒掉"换成"放手"，你会不可思议般地感到释怀与轻松。

当你陷入绝境，走投无路时，希望你能拥有撤退的勇气。

不是"放弃"，而是"撤退"。"撤退"是为了积蓄力量，卷土重来。失败是成功之母，没有失败，只有暂时的不成功。

例如，棒球比赛中，即使你的团队前七局以大比分暂时落后，也有可能在最后两局中逆风翻盘，拿到胜利。

◎消除烦恼的终极方法3：善良、感谢、他者贡献

一位患有精神疾病和失眠症的患者问阿德勒："如何才能摆脱精神上的痛苦？"

阿德勒回答："让别人高兴，想想'我能做什么，可以使别人高兴'，并付诸行动，这样一来，你的悲伤、失眠就都能得到改善。"

信赖别人、对别人有所贡献，能够为自己赢得立身之地。正如阿德勒所说，"他者贡献是让自己幸福的唯一方法"，因此**从阿德勒心理学来看，"对别人有所贡献"是消除烦恼的终极方法。**

结合我30年精神科医生的从医经历，以及4000条烦恼的解答经验来看，这个方法真的有效。

总是感到烦恼的人，往往无法信赖别人，自私自利，只想着别人能为自己做什么。我把这种人叫作"给我拿来星人"，在英语中这种人叫作"索取者（taker）"。因为不关心别人、只关心自己，所以他们只能看到自己的缺点和不幸。"专注于负面"，也就意味着对烦恼的感知更为敏锐。

这样的人容易被别人疏远和讨厌，职场上也容易受到攻击，人际关系紧张。

13年前，我刚出了第一本书，也是一个"给我拿来星人"。那时我逢人便说："这是我的书，捧个场买本看看吧。""多帮我宣传宣传呀。"现在想想，实属羞愧难当。

当然，没有人理会我。但是，当时的我一心想着推广自己的

书，完全没有觉察到自己的急功近利。后来，随着与其他作家交流次数的增多，我开始在自己的网络杂志中分享他们的新书。于是，大家也纷纷开始推荐我的书。

你给予别人某种好处，别人就会给予你相似的回报。在心理学上，这是"互惠原理"。

当你具备了利他思维，不图回报地做有益于别人的事情时，你的运气就会越来越好，人生也会越来越顺。

> "让别人感到高兴，是摆脱痛苦的唯一方法。思考'自己能为别人做些什么'，然后付诸行动。"
>
> ——阿尔弗雷德·阿德勒

他者贡献的脑科学

许多励志类书籍中常能看到"他者贡献"。但一定有人对此嗤之以鼻:"老套!"但其实从脑科学的角度来看,这是有道理的。

他者贡献就是对别人好,对别人好会分泌催产素,不仅是施与好意的一方,还是接受好意的一方。对方分泌催产素正是他对你有好感的证明,从而越来越喜欢你,越来越愿意帮助你。

我们收到别人的好意时会说"谢谢",表达感激之情。

当你对别人表达感谢时,体内会分泌内啡肽。内啡肽是一种给你带来幸福感的"脑内毒品",它能产生超过吗啡大约6.5倍的镇静效果,内啡肽能让人感到幸福。

在表达感谢的过程中,不仅发出感谢的人会分泌内啡肽,被感谢的一方也会分泌内啡肽,从而感受到幸福。

当你接收到别人的好意会想要表示感谢,对对方施与好意会收到对方的感谢。像这样,伴随着施与好意与表达感谢的连锁反应,你的身体内也会发生催产素与内啡肽的连锁分泌反应,使你沉浸在无限的幸福中。

他者贡献的秘诀

如前文所述,他者贡献可以给自己和别人带来幸福。

当你不再纠结于自己有多么不幸,而是关注如何让别人幸福时,你就不会再为一些琐碎的小事而烦恼。如果你想要为他人做贡献，刚开始可能无从下手。那么，不妨从行善事开始。

- 不等妻子开口，主动扔垃圾
- 看到同事复印很多资料时主动帮忙
- 给迷路的路人指路

这些都是一些生活中力所能及的善行，也属于"他者贡献"。**并不是只有做志愿者、捐钱才是他者贡献。只要做于他人有益，让他人感到获助、高兴的事情就是在为别人做贡献。**

当你开始主动奉献，就会发生不可思议的事情。

在帮助别人时首先要学会考虑对方的感受，这就需要你设身

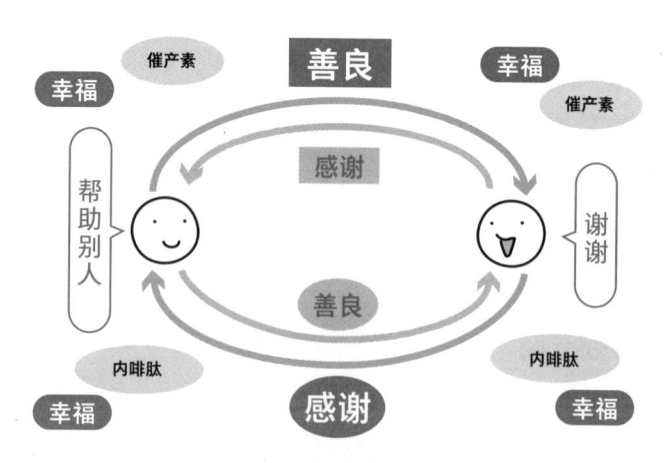

图 9.1 善良和感谢带来的幸福的连锁反应

处地地为别人着想，比如"他好像遇到困难了""他挺难的"。在这个过程中，你的共情能力必然会得到有效训练和提高。

不要只执着于自己的事情，多关心别人。学会他者贡献，从"给我拿来星人"蜕变为"给予者"。于是，你在不自觉间也完成了视角的转换，从"关注自己的负面"转换成了"关注别人的正面"。

善良、感谢、他者贡献……做到这些并不简单，但当你将这些行为自然地融入自己的生活中时，你就能从烦恼中获得解脱，不断增加积极情绪，使生活越来越幸福。

语言化的魔力【总结】

	黑榜	红榜
语言	沉默不语 负面的话 说坏话、诽谤、中伤／自责、 责备别人 浑蛋、去死、可恶 不求助他人	表达出来 正面话语 增加勇气、正面反馈 真棒！谢谢 求助他人
行动	伸手党 我……我…… 手机成瘾、信息泛滥 负面输入 （过分关注令人不安的信息） 孤独 不与人交流 紧闭心扉 不会科学用脑 执着、执念	给予者 他者贡献、善良 发呆 正面输入 （关注令人安心的信息） 接触外界 与人交流 敞开心扉（自我表露） 科学用脑 放下、放手
基本	睡眠不足（少于6小时） 缺乏运动 熬夜、昼夜颠倒	睡眠充足（7小时以上） 定期运动 规律的生活
（结果） 感情	不安 紧张 悲观 难受、痛苦	安心 放松 乐观 快乐、高兴

后记

行文至此,感谢各位读者的陪伴与支持。

不知您的烦恼是否已尽数消散?如若本书能为您减轻一些烦恼、赶走消极情绪起到一二作用,敝人将不甚欣喜。

原书名"语言化的魔力"的由来

"语言化"的魔力:将烦恼转化成语言,使烦恼消失,使心情变得愉悦。

语言可以激发勇气,激励他人、鼓舞自己,它蕴含着强大的力量,因此书名中选择了"魔力"一词。

语言化,即把自己的想法形成语言,或说出或写下,清晰明确地表达出来。这是一种沟通技巧,也是一种生存技巧,将对我们的工作和生活带来极大的帮助。我相信,当你掌握并熟练运用这种技巧时,生活会越来越好。

将想法外化为语言,有助于自我分析、实施行动。比起"将自己的想法形成语言说出来吧!写下来吧!","语言化"显得更加简洁有力,易于实施。

语言化能改变现实

"语言化"能将自己的感受和想法表达出来。当每个人的语言化能力都得到提高,当"语言化"逐渐融入日常生活中时,你的沟通能力就会发生质的飞跃。

80%的日本人性格都很内向,这意味着有相当一部分人不能随心所欲地将内心的想法表达出来,继而吃亏受委屈。在这个过程中,你不需要努力变成一个外向的人,只要提高语言化能力即可。

等到关键时刻,你的寥寥数语却能直击要害,说明你的表达能力已经获得提升,你的人际关系就会越来越好,职场认可度也会越来越高。

"语言化"有着巨大的力量,请在日常工作和生活中多多使用吧。

语言能改变一个人

语言是有力量的。本书通过引用阿德勒等心理学家的名言,以及讲述一些日常口头用语的作用,论述了"语言具有激励他人改变自己的力量"这一主要观点。

触动人心的话能调动人的情绪,继而激发人的行为。只有情绪受到调动,人才会行动起来。

后记

关于我写作本书的理由——

最近去逛书店时,我发现书架上尽是一些大量援引科学依据的实用型书籍,可见引用坚实可靠的科学证据来证明论点已成为日本当下实用类书籍市场的主流写法。

谁都可以引用学术论文和科学依据,重要的研究自然会被大家反复引用,结果,如今市面上的实用类书籍大都千篇一律,缺乏新意。

引用科学依据会使文本更有说服力,对这类书来说自然不可或缺,但是当今社会中,比起摆事实讲道理,情感或许更能打动人心。

这是一个讲故事的时代

很多人在读过稻盛和夫的《活法》后,会生出想要改变自己生活方式的强大动力。然而在这本书中,我没有引用任何科学证据,只是向读者讲述了稻盛和夫先生说过的话和发生在他身上的故事。即使没有科学道理,话语和故事也能够打动人心。

近几年的精神医学领域,与基于科学依据进行诊治的"循证医学(EBM)"相对,更加重视聆听患者的倾诉与故事的"叙事医学(NBM)"开始受到广泛关注。

在线下诊疗中,过于依赖和强调科学依据、科研信息的作用,便会忽视聆听患者的倾诉、忽视对患者情感的关注,于是在精神科医生之间掀起了一股关注患者本身、倾听患者故事的热潮。

全书中,只有讲到杏仁核、催产素的部分运用专业的科学知识进行了解释和说明。因为比起缺乏温度的科学依据,我更希望与读者朋友们分享一些大白话,因此集本人30年的临床经验与4000个解答烦恼经验之大成,用最朴实的语言将其浓缩在了本书中。

经历新冠疫情后,我的思考方式和行为方式都发生了很大的变化。我发现,在这个时代,讲故事比讲道理要更胜一筹,语言和故事更能打动人心,拥有催人奋起的力量。

作为一名精神科医生,在这个特殊时期,我推出这本系统地讲述消除烦恼的倾力之作还有另外一个原因:疫情使人与人之间面对面的沟通减少,大家容易陷入沟通危机。通过"语言化"能重建人与人之间的联结,改变这个情况。

当"语言化"成为一种习惯,人与人之间的沟通就会更加顺畅。人际关系也会变得更加和谐,生活变得更加美好,患上身心疾病的人自然就会越来越少。

如果本书能够帮助更多的人建立语言化的习惯,减少烦恼,过上幸福美好的生活,那将是我莫大的荣幸。

精神科医生 桦泽紫苑